Vorwort.

Der Schutz der Forsten, der im Interesse des gemeinen Wohles von immer mehr hervortretender Bedeutung ist, hat für das damit betraute Personal eine polizeiliche Exekutivgewalt im Gefolge, deren Ausübung ihrerseits wiederum durch besondere Gesetze geschützt ist. Die Oberforstbeamten haben ferner innerhalb ihrer Reviere die Polizeiverwaltung und die meisten von ihnen sind gleichzeitig zu Polizeianwalten für die darin vorkommenden Forstfrevel ernannt. Diese Verhältnisse machen es zu einer Nothwendigkeit, daß der Forstmann über einen nicht unbeträchtlichen Theil sowohl des materiellen Strafrechts, als des Strafprozesses unterrichtet sei, oder sich wenigstens in jedem Augenblicke unterrichten kann.

Das einschlagende Material ist aber in der Preußischen Gesetzgebung so zerstreut, daß eine vollständige Uebersicht selbst für den Juristen ihre Schwierigkeiten hat. Der Forstmann wird sich meist gar nicht im Besitze der erforderlichen Quellen befinden, und wenn dies auch der Fall, vermag er jedenfalls in der ungeordneten Masse das gerade Gesuchte nur mühselig aufzufinden. Noch weniger sind ihm in der Regel die Auslegungen und Erläuterungen zugänglich, welche die einzelnen Gesetze durch Rechtsprechung und Erlasse der Verwaltungsbehörden erfahren haben.

Diesen Uebelständen abzuhelfen, ist der Zweck des vorliegenden Sammelwerks. Ich habe darin alle auf den Schutz der Forsten und Forstbeamten bezüglichen Bestimmungen von allgemeinerer Geltung vollständiger, als es bisher irgendwo von amtlicher oder privater Seite geschehen ist, in möglichst übersichtlicher Weise zusammengestellt, dieselben dem praktischen Gebrauche entsprechend kommentirt, auch für die Forstpolizeianwalte eine Uebersicht des Verfahrens nebst den betreffenden Instruktionen beigefügt. Ein Anhang des Werkchens enthält endlich das Jagdgesetz vom 31. Oktober 1848 und das Jagdpolizeigesetz vom 7. März 1850. In dieser Gestalt wird, hoffe ich, meine Arbeit dem ausübenden Forstmanne eine willkommene Erscheinung sein und ihm für die Praxis einen erschöpfenden, brauchbaren Anhalt bieten.

Friedeberg i. d. Neumark, März 1867.

B.

Uebersicht des Inhalts.

(Die Zahlen beziehen sich auf die Nummern am Rande des Textes.)

Zweiter Theil: Bestimmungen über das Strafverfahren.

Einleitung.

Das Preußische Strafrecht gründet sich hauptsächlich auf das Strafgesetzbuch vom 14. April 1851, welches mit dem 1. Juli desselben Jahres im damaligen ganzen Umfange der Monarchie in Kraft getreten ist und hinsichtlich der Materien, auf die es sich bezieht, alle bis dahin geltenden Strafbestimmungen außer Wirksamkeit gesetzt hat. Aus dem Systeme des Strafgesetzbuchs sind aber, seinem allgemeinen Charakter entsprechend, viele nur in bestimmte einzelne Ressorts einschlagende Materien ausgeschlossen geblieben und die für solche Materien geltenden besonderen Strafgesetze sind durch Art. II des Einführungsgesetzes zum Strafgesetzbuch neben letzterem aufrecht erhalten worden. Unter diese Materien gehört neben den Post-, Zoll-, Steuerkontraventionen u. s. w. größtentheils auch der Schutz der Forsten und Forstbeamten. Insbesondere sind die Gesetze über die Bestrafung des Holzdiebstahls — vom 7. Juni 1821, an dessen Stelle später das Gesetz vom 2. Juni 1852 getreten ist, — und über die Widersetzlichkeiten bei Forst- und Jagdvergehen vom 31. März 1837 in dem citirten Art. II ausdrücklich als in Kraft verbleibend aufgeführt. Ebenso ist aber auch das Gesetz über den Waffengebrauch der Forst- und Jagdbeamten vom 31. März 1837, welches unter gewissen Voraussetzungen eine Seitens solcher Beamten verübte Körperverletzung straflos macht, noch heute maßgebend, und dasselbe gilt endlich von den erlassenen forstpolizeilichen Bestimmungen, insofern die betreffenden Materien nicht etwa in das Strafgesetzbuch aufgenommen oder sonst durch neuere Gesetze oder Polizeiverordnungen anderweitig geregelt sind. Diese in Kraft verbliebenen Spezialgesetze, das Strafgesetzbuch mit seinen hierher gehörigen Vorschriften und die nebenher ergangenen neuen Polizeiverordnungen sind es also, welche als eine ihrem Gegenstande nach in sich abgeschlossene Gruppe des Strafrechts die gesetzliche Grundlage für den Schutz der Forsten und Forstbeamten bilden. 1

2 In Hinsicht der Rechtsquellen ist hierbei noch Folgendes zu bemerken. Nach der Verfassungsurkunde vom 31. Januar 1850 können in Preußen Gesetze, sei es für die ganze Monarchie oder bloß für einzelne Landestheile, nur durch den König und die beiden Häuser des Landtags gemeinschaftlich erlassen werden, und die Rechtsverbindlichkeit der vereinbarten Gesetze ist an die Publikation derselben durch die Gesetz-Sammlung geknüpft. Den Justiz- und Verwaltungsbehörden steht alsdann nur die praktische Anwendung zu. Von diesem Prinzipe gilt aber eine Ausnahme: in polizeilichen Gegenständen nämlich ist den ressortmäßigen Behörden — örtlichen Polizeiverwaltungen und Bezirksregierungen — neben ihrer administrativen Thätigkeit für den Umfang ihrer Verwaltungsbezirke auch eine selbstständige gesetzgeberische Befugniß übertragen. Diese Befugniß gründet sich auf das Gesetz über die Polizeiverwaltung vom 11. März 1850 (Ges.-S. S. 265), welches, soweit der Inhalt hier in Betracht kommt, Nachstehendes verordnet.

3 §. 5. Die mit der örtlichen Polizeiverwaltung beauftragten Behörden sind befugt, nach Berathung mit dem Gemeindevorstande, ortspolizeiliche für den Umfang der Gemeinde gültige Vorschriften zu erlassen und gegen die Nichtbefolgung derselben Geldstrafen bis zum Betrage von 3 Thlrn. anzudrohen.

Die Strafandrohung kann bis zum Betrage von 10 Thlrn. gehen, wenn die Bezirksregierung ihre Genehmigung dazu ertheilt hat.

Die Bezirksregierungen haben über die Art der Verkündigung der ortspolizeilichen Vorschriften, sowie über die Formen, von deren Beobachtung die Gültigkeit derselben abhängt, die erforderlichen Bestimmungen zu erlassen.

§. 6. Zu den Gegenständen der ortspolizeilichen Vorschriften gehören:

a) der Schutz der Personen und des Eigenthums;

b) Ordnung, Sicherheit und Leichtigkeit des Verkehrs auf öffentlichen Straßen, Wegen und Plätzen, Brücken, Ufern und Gewässern;

h) Schutz der Felder, Wiesen, Weiden, Wälder, Baumpflanzungen, Weinberge u. s. w.

§. 8. Von jeder ortspolizeilichen Verordnung ist sofort eine Abschrift an die zunächst vorgesetzte Staatsbehörde einzureichen.

§. 11. Die Bezirksregierungen sind befugt, für mehrere Gemeinden ihres Verwaltungsbezirks oder für den ganzen Umfang desselben gültige Polizeivorschriften zu erlassen und gegen die Nichtbefolgung derselben Geldstrafen bis zu dem Betrage von 10 Thlrn. anzudrohen.

Der Minister des Innern hat über die Art der Verkündigung

solcher Vorschriften, sowie über die Formen, von deren Beobachtung die Gültigkeit derselben abhängt, die erforderlichen Bestimmungen zu erlassen.

§. 12. Die Vorschriften der Bezirksregierungen (§. 11) können sich auf die im §. 6 dieses Gesetzes angeführten und alle anderen Gegenstände beziehen, deren polizeiliche Regelung durch die Verhältnisse der Gemeinden oder des Bezirks erfordert wird.

§. 15. Es dürfen in die polizeilichen Vorschriften (§§. 5 und 11) keine Bestimmungen aufgenommen werden, welche mit den Gesetzen oder den Verordnungen einer höheren Instanz im Widerspruche stehen.

§. 17. Die Polizeirichter haben über alle Zuwiderhandlungen gegen polizeiliche Vorschriften (§§. 5 und 11) zu erkennen und dabei nicht die Nothwendigkeit oder Zweckmäßigkeit, sondern nur die gesetzliche Gültigkeit jener Vorschriften nach den Bestimmungen der §§. 5. 11 und 15 dieses Gesetzes in Erwägung zu ziehen.

§. 18. Für den Fall des Unvermögens des Angeschuldigten ist auf verhältnißmäßige Gefängnißstrafe zu erkennen. Das höchste Maß derselben ist 4 Tage statt 3 Thlr. und 14 Tage statt 10 Thlr.

§. 19. Die bisher erlassenen polizeilichen Vorschriften bleiben so lange in Kraft, bis sie in Gemäßheit dieses Gesetzes aufgehoben werden.

§. 20. Die den Polizeibehörden nach den bisherigen Gesetzen zustehende Exekutionsgewalt wird durch die vorstehenden Bestimmungen nicht berührt.

Jede Polizeibehörde ist berechtigt, ihre polizeilichen Verfügungen durch Anwendung der gesetzlichen Zwangsmittel durchzusetzen.

Wer es unterläßt, dasjenige zu thun, was ihm von der Polizeibehörde in Ausübung dieser Befugniß geboten worden ist, hat zu gewärtigen, daß es auf seine Kosten zur Ausführung gebracht werde — vorbehaltlich der etwa verwirkten Strafe und der Verpflichtung zum Schadenersatze. —

Inwiefern in forstpolizeilicher Beziehung die einzelnen Bezirksregierungen von der ihnen hiernach beigelegten legislativischen Befugniß Gebrauch gemacht haben, darüber unten No. 118. 119 das Nähere. —

Das Verfahren in Forstfrevel-Sachen anlangend, so richtet sich 4
dasselbe nach den allgemeinen Formen, die in der Verordnung vom 3. Januar 1849 (Ges.-S. S. 14) und dem Gesetze vom 3. Mai 1852 (Ges.-S. S. 209) nebst den späteren Ergänzungen dazu vorgeschrieben sind. Nur in Holzdiebstahls-Sachen kommt gemäß §§. 21 ff. des Gesetzes vom 2. Juni 1852 (unten No. 59 ff.) ein besonderes Verfahren vor dem Einzelrichter zur Anwendung.

Erster Theil.
Materielle Bestimmungen.

I. Allgemeine Bestimmungen und Begriffe.

Strafgesetzbuch vom 14. April 1851:

1. Einleitende Bestimmungen.

5 §. 1. Eine Handlung, welche die Gesetze mit der Todesstrafe, mit Zuchthausstrafe oder mit Einschließung von mehr als fünf Jahren bedrohen, ist ein Verbrechen.

Eine Handlung, welche die Gesetze mit Einschließung bis zu fünf Jahren, mit Gefängnißstrafe von mehr als sechs Wochen oder mit Geldbuße von mehr als fünfzig Thalern bedrohen, ist ein Vergehen.

Eine Handlung, welche die Gesetze mit Gefängnißstrafe bis zu sechs Wochen oder mit Geldbuße bis zu fünfzig Thalern bedrohen, ist eine Uebertretung.

Zusatz. Einführungsges. zum Str.=Ges.=B.

6 Art. VIII. Wenn in Materien, über welche das gegenwärtige Strafgesetzbuch keine Bestimmungen enthält (Art. II), die Gesetze eine Freiheitsstrafe von mehr als fünf Jahren androhen, so ist die Handlung ein Verbrechen.

Ist die Handlung mit einer Freiheitsstrafe von mehr als sechs Wochen, jedoch nicht über fünf Jahre, oder mit einer Geldbuße von mehr als fünfzig Thalern bedroht, oder ist auf den Verlust von Aemtern oder auf den Verlust des Rechts zum Gewerbebetriebe für immer oder auf Zeit, oder auf Stellung unter Polizei=Aufsicht zu erkennen, so ist die Handlung ein Vergehen.

Besteht die Strafe nur in einer Freiheitsstrafe bis zu sechs Wochen, oder in Geldbuße bis zu fünfzig Thalern, oder ist die Strafe in den Gesetzen als eine willkürliche bezeichnet, so ist die Handlung eine Uebertretung. Es macht dabei keinen Unterschied, ob neben der eigentlichen Strafe noch auf die Konfiskation einzelner Gegenstände zu erkennen ist oder nicht.

Zu Art. VIII des Einf.=Ges. zum Str.=Ges.=B.

Diese Bestimmung war nothwendig, denn da die Dreitheilung in Verbrechen, Vergehen und Uebertretungen zugleich die Grundlage für die richterliche Kompetenz bildet (s. unten No. 254 ff.), so mußten auch die in Kraft verbleibenden Spezialgesetze unter dieselbe Schablone gebracht werden.

§. 2. Kein Verbrechen, kein Vergehen und keine Uebertretung 7
kann mit einer Strafe bedroht werden, die nicht gesetzlich bestimmt war,
bevor die Handlung begangen wurde.

§. 3. Die Preußischen Strafgesetze finden Anwendung auf alle 8
in Preußen begangene Verbrechen, Vergehen und Uebertretungen, auch
wenn der Thäter ein Ausländer ist.

§. 6. Das Recht des Beschädigten auf Schadensersatz ist von der 9
Bestrafung unabhängig.

2. Bestrafung der Verbrechen und Vergehen im Allgemeinen.

a. Versuch.

§. 31. Der Versuch ist nur dann strafbar, wenn derselbe durch 10
Handlungen, welche einen Anfang der Ausführung enthalten, an den
Tag gelegt und nur durch äußere, von dem Willen des Thäters un-
abhängige Umstände gehindert worden oder ohne Erfolg geblieben ist.

§. 32. Abs. 1. Der Versuch eines Verbrechens wird wie das Ver- 11
brechen selbst bestraft. Dem Richter bleibt jedoch überlassen, bei Fest-
setzung des Strafmaßes innerhalb der dafür vorgeschriebenen Grenzen
darauf Rücksicht zu nehmen, daß das Verbrechen nicht vollendet wor-
den ist.

§. 33. Der Versuch eines Vergehens wird nur in den Fällen 12
bestraft, in welchen die Gesetze dies ausdrücklich bestimmen. Der Ver-
such wird alsdann wie das Vergehen selbst nach den im §. 32 auf-
gestellten Grundsätzen bestraft.

b. Theilnahme.

§. 34. Als Theilnehmer eines Verbrechens oder Vergehens wird 13
bestraft:

1) wer den Thäter durch Geschenke oder Versprechen, durch Drohungen, Mißbrauch des Ansehens oder der Gewalt, durch absichtliche Herbeiführung oder Beförderung eines Irrthums oder durch andere Mittel zur Begehung des Verbrechens oder Vergehens angereizt, verleitet oder bestimmt hat;
2) wer dem Thäter zur Begehung des Verbrechens oder Vergehens Anleitung gegeben hat, ingleichen wer Waffen, Werkzeuge und andere Mittel, welche zu der That gedient haben, wissend, daß sie dazu dienen sollten, verschafft hat, oder wer in den Handlungen, welche die That vorbereitet, erleichtert oder vollendet haben, dem Thäter wissentlich Hülfe geleistet hat.

§. 35 Abs. 1. Auf den Theilnehmer an einem Verbrechen oder Ver- 14
gehen oder an einem strafbaren Versuche eines Verbrechens oder Vergehens

ist dasselbe Strafgesetz anzuwenden, welches auf den Thäter Anwendung findet.

c. Begünstigung.

15 §. 37. Wer nach Verübung eines Verbrechens oder Vergehens dem Thäter wissentlich Beistand leistet, um denselben der Bestrafung zu entziehen oder ihm die Vortheile des Verbrechens oder Vergehens zu sichern, ist als Begünstiger mit Geldbuße bis zu zweihundert Thalern oder mit Gefängniß bis zu einem Jahre zu bestrafen.

Diese Strafe tritt nicht ein, wenn die Begünstigung dem Thäter, um ihn der Bestrafung zu entziehen, von leiblichen Verwandten in auf- oder absteigender Linie, von Geschwistern oder von dem Ehegatten gewährt worden ist.

16 §. 38. Der Begünstiger soll gleich demjenigen, welcher Hülfe leistet, bestraft werden, wenn die Begünstigung in Folge einer vor der That genommenen Abrede gewährt worden ist.

Diese Vorschrift ist auch dann anzuwenden, wenn der Begünstiger zu den Angehörigen des Thäters gehört.

d. Straf-Ausschließungs- oder Milderungsgründe.

17 §. 40 (Unzurechnungsfähigkeit). Ein Verbrechen oder Vergehen ist nicht vorhanden, wenn der Thäter zur Zeit der That wahnsinnig oder blödsinnig, oder die freie Willensbestimmung desselben durch Gewalt oder durch Drohungen ausgeschlossen war.

18 §. 41 (Nothwehr). Ein Verbrechen oder Vergehen ist nicht vorhanden, wenn die That durch die Nothwehr geboten war. Nothwehr ist diejenige Vertheidigung, welche erforderlich ist, um einen gegenwärtigen rechtswidrigen Angriff von sich selbst oder Andern abzuwenden. Der Nothwehr ist gleich zu achten, wenn der Thäter nur aus Bestürzung, Furcht oder Schrecken über die Grenzen der Vertheidigung hinausgegangen ist.

19 §. 42 Abs. 1 (Mangelndes Unterscheidungsvermögen). Wenn ein Angeschuldigter noch nicht das sechszehnte Lebensjahr vollendet hat, und festgestellt wird, daß er ohne Unterscheidungsvermögen gehandelt hat, so soll er freigesprochen und in dem Urtheile bestimmt werden,

---

Zu §. 40.

1) Unter Zurechnungsfähigkeit versteht man die äußere und innere Freiheit des Willens und der Entschließung beim Thäter im Augenblicke der That.

2) Die im §. 40 enthaltene Aufzählung schließt übrigens andere Fälle der Unzurechnungsfähigkeit nicht aus. So wird namentlich auch *sinnlose* Trunkenheit dahin gerechnet.

Zu §. 42.

Unterscheidungsvermögen — nicht zu verwechseln mit Zurechnungsfähigkeit (§. 40) — ist derjenige Grad von Verstandesreife, welcher das Individuum befähigt, Recht von Unrecht, das Verbotene vom Erlaubten, das Gute vom Bösen zu unterscheiden.

ob er seiner Familie überwiesen oder in eine Besserungsanstalt gebracht werden soll.

§. 44 (Unbekanntschaft mit besonderen Umständen). Wenn die 20
Strafbarkeit einer Handlung abhängig ist entweder von besonderen Eigenschaften in der Person des Thäters oder desjenigen, auf welchen sich die That bezog, oder von den besonderen Umständen, unter welchen die That begangen wurde, so ist eine solche Handlung demjenigen als Verbrechen oder Vergehen nicht zuzurechnen, welchem jene Verhältnisse oder Umstände zur Zeit der That unbekannt waren.

Wenn durch solche besondere, dem Thäter unbekannt gebliebene Verhältnisse oder Umstände die Strafbarkeit der von ihm begangenen Handlung erhöht wird, so sollen ihm diese erschwerenden Umstände der That nicht zugerechnet werden.

§. 45 (Verjährung). Nach Ablauf der Verjährungsfrist findet 21
die Verfolgung und Bestrafung eines Verbrechens oder Vergehens nicht statt.

§. 46. Verbrechen, welche mit der Todesstrafe bedroht sind, ver- 22
jähren in dreißig Jahren; Verbrechen, welche im höchsten Strafmaße mit einer Freiheitsstrafe von einer längern als zehnjährigen Dauer bedroht sind, verjähren in zwanzig Jahren; Verbrechen, welche mit einer milderen Freiheitsstrafe bedroht sind, verjähren in zehn Jahren.

Vergehen, die im höchsten Strafmaße mit einer höhern als dreimonatlichen Gefängnißstrafe bedroht sind, verjähren in fünf Jahren, andere Vergehen in drei Jahren.

Der Lauf der Verjährung beginnt mit dem Tage des begangenen Verbrechens oder Vergehens.

§. 47. Wenn die Verjährung unterbrochen wird, die Untersuchung 23
aber nicht zur rechtskräftigen Verurtheilung führt, so beginnt eine neue Verjährung nach der letzten gerichtlichen Handlung.

Diese neue Verjährung kommt jedoch demjenigen nicht zu statten, welcher sich der gegen ihn eingeleiteten Untersuchung durch die Flucht entzogen hat.

§. 48. Jeder Antrag und jede sonstige Handlung der Staatsanwalt- 24
schaft, sowie jeder Beschluß und jede sonstige Handlung des Richters, welche die Eröffnung, Fortsetzung oder die Beendigung der Untersuchung oder die Verhaftung des Angeschuldigten betrifft, unterbricht die Verjährung.

§. 49. Gegen rechtskräftig erkannte Strafen ist keine Verjährung 25
zulässig.

Zu §. 44.
Hierhin gehört es z. B., wenn ein Thäter behauptet, die Beamtenqualität eines von ihm beleidigten oder angegriffenen Forstbeamten nicht gekannt zu haben.

e. Zusammentreffen mehrerer Verbrechen oder Vergehen.

26 §. 55. Wenn eine und dieselbe Handlung die Merkmale mehrerer Verbrechen oder Vergehen in sich vereinigt, so kommt das Strafgesetz zur Anwendung, welches die schwerste Strafe androht.

27 §. 56. Gegen denjenigen, welcher durch verschiedene selbstständige Handlungen mehrere Verbrechen oder Vergehen begangen hat, ist auf sämmtliche dadurch begründete Strafen vereinigt zu erkennen.

Es kann jedoch, insoweit es sich um Freiheitsstrafen handelt, die Dauer derselben bis auf das Maß der für das schwerste Verbrechen oder Vergehen bestimmten Freiheitsstrafe herabgesetzt werden.

f. Rückfall.

28 §. 58 Abs. 1 u. 2. Wer, nachdem er wegen eines Verbrechens oder Vergehens von einem Preußischen Gerichtshofe rechtskräftig verurtheilt worden ist, dasselbe Verbrechen oder Vergehen, sei es mit oder ohne erschwerende Umstände, begeht, befindet sich im Rückfalle.

Insofern das Gesetz keine besondere Rückfallsstrafen bestimmt, kann wegen Rückfalls die Strafe über das gesetzliche Maß hinaus erhöht werden, jedoch nicht mehr, als um die Hälfte des höchsten gesetzlichen Strafmaßes.

29 §. 59. Der Rückfall ist auch dann vorhanden, wenn die That in dem frühern oder spätern Falle, oder in beiden Fällen die Theilnahme an einem Verbrechen oder Vergehen, oder den Versuch eines Verbrechens oder Vergehens darstellt.

30 §. 60. Die Straferhöhung wegen Rückfalls tritt nicht ein, wenn seit dem Zeitpunkte, in welchem die Freiheitsstrafe oder Geldbuße des zuletzt begangenen frühern Verbrechens oder Vergehens abgebüßt oder erlassen worden ist, zehn Jahre verflossen sind.

3. Bestrafung der Uebertretungen im Allgemeinen.

31 §. 332. Als Uebertretungen sind nur solche Handlungen oder Unterlassungen zu bestrafen, welche durch Gesetze oder gesetzlich erlassene Verordnungen der Behörden unter Strafe gestellt sind.

32 §. 333. Die Strafen der Uebertretungen sind folgende:

1) polizeiliche Gefängnißstrafe,
2) Geldbuße,
3) Konfiskation einzelner Gegenstände.

33 §. 334. Die polizeiliche Gefängnißstrafe besteht in einfacher Freiheitsentziehung; die Dauer derselben beträgt mindestens einen Tag, zu vierundzwanzig Stunden gerechnet, und höchstens sechs Wochen.

§. 335. Das niedrigste Maß der Geldbuße ist zehn Silbergroschen, das höchste Maß derselben fünfzig Thaler. 34

An die Stelle einer Geldbuße, welche wegen Unvermögens des Verurtheilten nicht beigetrieben werden kann, soll Gefängnißstrafe treten.

Die Dauer derselben soll vom Richter so bestimmt werden, daß der Betrag von zehn Silbergroschen bis zu zwei Thalern einer Gefängnißstrafe von einem Tage gleich geachtet wird. Die Gefängnißstrafe darf auch in diesem Falle niemals die Dauer von sechs Wochen übersteigen.

§. 336. Der Versuch einer Uebertretung ist straflos. 35

Wegen Rückfalls findet eine Erhöhung der Strafe über das höchste Maß nicht statt.

§. 337. Wenn eine und dieselbe Handlung die Merkmale mehrerer Uebertretungen in sich vereinigt, so kommt das Strafgesetz zur Anwendung, welches die schwerste Strafe androht. 36

§. 338. Hat Jemand mehrere Uebertretungen begangen, so kommen die sämmtlichen dadurch begründeten Strafen zur Anwendung. 37

Die Strafe einer Uebertretung wird dadurch nicht ausgeschlossen, daß der Thäter außer der Uebertretung auch noch Verbrechen oder Vergehen begangen hat.

§. 339. Die Uebertretungen verjähren, soweit nicht das Gesetz ein Anderes bestimmt, in drei Monaten, von dem Tage gerechnet, an welchem sie begangen sind. 38

Wenn die Verjährung unterbrochen wird, die Untersuchung aber nicht zur rechtskräftigen Verurtheilung führt, so beginnt eine neue Verjährung nach der letzten gerichtlichen Handlung.

Jeder Antrag und jede sonstige Handlung der Staatsanwaltschaft, sowie jeder Beschluß und jede sonstige Handlung des Richters, welche die Eröffnung, Fortsetzung oder Beendigung der Untersuchung betrifft, unterbricht die Verjährung.

Zu §. 335.

1) Bei **Vergehen** beträgt das niedrigste Maß einer Geldbuße einen Thaler. §. 17 Str.-Ges.-B.

2) Für die Umwandlung einer Geldbuße in Gefängniß gilt ein abweichender Maßstab hinsichtlich der Geldbußen, die auf Polizeiverordnungen beruhen. §. 18 des Ges. vom 11. März 1850 (oben unter No. 3). Beim Holzdiebstahl gilt zwar der hier im §. 335 angeordnete Maßstab, doch kann bis auf sechs Monate Gefängniß gegangen werden. §. 12 des Ges. vom 2. Juni 1852 (unten No. 50).

Bei **Vergehen** soll der Betrag von einem bis zu drei Thalern einem Tage Gefängniß gleich geachtet werden, die Dauer der zu substituirenden Gefängnißstrafe aber höchstens vier Jahre betragen. §. 17 des Str.-Ges.-B.

II. Spezielle Bestimmungen.

A. Schutz der Forsten.

1. Gesetz vom 2. Juni 1852, den Diebstahl an Holz und andern Waldprodukten betreffend (Ges.-S. S. 305).

Wir Friedrich Wilhelm &c. verordnen, unter Zustimmung der Kammern, was folgt:

Erster Abschnitt.

Strafbestimmungen.

39 §. 1. Holzdiebstahl im Sinne dieses Gesetzes ist der Diebstahl an Holz in Forsten oder auf andern Grundstücken, auf welchen dasselbe hauptsächlich der Holznutzung wegen gezogen wird, wenn es entweder:

1) noch nicht vom Stamme oder Boden getrennt, oder

Zu §. 1.

Diebstahl.

1) Auch zum Begriffe des Holzdiebstahls gehört eine Wegnahme in diebischer Absicht. Ob dem Thäter eine solche Absicht beizumessen sei, hat der Richter in jedem Einzelfalle nach den Umständen zu beurtheilen. Beispielsweise wird das Abbrechen oder Abschneiden und Mitnehmen eines Stockes oder einer Ruthe durch Spaziergänger u. dergl. nicht als Holzdiebstahl, sondern event. nur forstpolizeilich zu ahnden sein.

2) Wenn ein Holzungsberechtigter anderes Holz, als das ihm überhaupt rechtlich zustehende, wegnimmt, so begeht er einen Holzdiebstahl. Anders, wenn er nur in der Art und Weise der Ausübung seiner Befugniß fehlt, z. B. sein Recht zu verbotenen Zeiten, ohne die etwa eingeführte Anmeldung, Anweisung oder Legitimation, mit unerlaubten Instrumenten, über das zulässige Maß hinaus u. s. w. ausübt. Solche Verstöße sind nur forstpolizeilich strafbar.

Ueber Umfang und Ausübung der verschiedenen Holzungsgerechtigkeiten s. §. 201 ff. Tit. 22. Th. I Allg. Land-Rechts (unten No. 162 ff.).

3) Forstbeamte oder Holzarbeiter des Waldeigenthümers erlangen durch ihre Stellung nicht die Gewahrsam der ihrer Aufsicht oder Bearbeitung unterworfenen Hölzer. Wegnahme derselben — allein oder in Betheiligung Anderer — ist daher nicht Unterschlagung, sondern Holzdiebstahl, oder, wofern das Holz bereits geschlagen war, Diebstahl im Sinne des §. 217 No. 3 Str.-Ges.-B. Ueber den Fall der Aneignung von Holz, welches von einem Frevler im Walde liegen gelassen ist, s. unten Anm. 8.

Holzqualität des Objektes.

4) Unter Holz ist hier nicht bloß das reife, harte Holz zu verstehen. Auch junge Loden gehören dahin, ebenso die Baumpflanzen in einem Saatkamp u. dergl.

Standort des Holzes.

5) Neben den Forsten — Waldungen, die unter forstwirthschaftlicher Kultur und Beaufsichtigung stehen — schützt das Gesetz auch das Holz auf anderen Grundstücken, auf welchen dasselbe hauptsächlich der Holznutzung wegen gezogen wird Ob diese Voraussetzung zutrifft, ist in jedem Einzelfalle Sache thatsächlicher Prüfung. Beispielsweise werden nicht allein alle kleinen Waldparzellen, sondern auch zur Gewinnung von Flechtwerk &c. bestimmte Weidenpflanzungen, sogen. Erlenbrüche u. dergl. hierher zu rechnen sein, ohne daß es auf eine forstmäßige Kultur oder Aufsicht derselben ankäme.

2) durch Zufall abgebrochen oder umgeworfen und mit dessen Zurichtung noch nicht der Anfang gemacht worden ist, oder

3) in Spähnen, Abraum oder Borke besteht, auch dann, wenn sich dieselben bereits in Holzablagen, welche jedoch nicht umschlossen sind, befinden.

§. 2. Dem Holzdiebstahl wird gleich geachtet der Diebstahl an

---

No. 2. Zufall rc.

6) Zu einem durch Zufall abgebrochenen oder umgeworfenen Holze gehören auch Windbrüche, Schneebrüche u. dergl. Den Gegensatz bildet das geschlagene Holz, d. i. das mit dem Willen des Eigenthümers vom Stamme oder Boden getrennte. Aber auch das ursprünglich durch Zufall abgebrochene oder umgeworfene Holz nimmt den Charakter des geschlagenen an, sobald der Eigenthümer mit der Zurichtung beginnt. Ist dies in äußerlich erkennbarer Weise geschehen, so ist jede fernere Entwendung nicht mehr ein einfacher Holzdiebstahl, sondern gemeiner Diebstahl im Sinne des § 217 No. 3 Str.-Ges.-B.

7) Ein Holzdieb, der einen im Frevel gefällten Baum im Walde liegen läßt und erst nach einiger Zeit abholt, setzt dadurch nur den früher begonnenen Holzdiebstahl fort und ist also nach dem Ges. vom 2. Juni 1852 zu bestrafen. Dagegen begeht ein Dritter, der solches gefreveltes Holz im Walde findet, durch Aneignung desselben einen gemeinen Diebstahl im Sinne der §§. 215. 216 Str.-Ges.-B. Bloßer Holzdiebstahl liegt von seiner Seite darum nicht vor, weil das Holz eben nicht durch Zufall abgebrochen oder umgeworfen war; dagegen kann auch die strengere Strafe des §. 217 Str.-Ges.-B. nicht eintreten, weil die Fällung nicht vom Eigenthümer ausgegangen, das Holz mithin nicht als geschlagenes (s. die vor. Anm.) anzusehen war. Erst durch die nachträgliche Besitzergreifung Seitens des Eigenthümers nimmt auch derartiges Holz den Charakter des geschlagenen an.

8) Aus dem Anm. 3 angegebenen Grunde begeht auch ein Forstaufseher, der gefrevelte Hölzer im Walde findet, durch Aneignung derselben einen gemeinen Diebstahl, nicht Unterschlagung.

No. 3. Spähne rc.

9) Abraum sind Holztheile von geringem Werthe, welche bei Abholzung eines Schlages und Aufarbeitung der geschlagenen Hölzer als Abfälle liegen bleiben.

Reisigholz gehört nicht ohne Weiteres zum Abraum, noch weniger ganze Theile eines Baumes, wie das Zopfende.

10) Der in abgeholzten Schlägen liegen gebliebene Abraum gehört zum Raff- und Leseholze (§. 215 Tit. 22 Th. I Allg. Land-Rechts). Berechtigung zu letzterem erstreckt sich daher auch mit auf jenen.

11) Unter Borke ist hier in No. 3 nur solche Rinde zu verstehen, die entweder durch äußeren Zufall oder, gleich Abraum und Spähnen, bei der Aufarbeitung des Holzes, von letzterem getrennt ist. Dagegen ist diejenige Borke, welche der Berechtigte Behufs Verwendung zur Lohgerberei absichtlich vom Baume abgelöst hat, geschlagenes Holz im Sinne des §. 217 No. 3 Str.-Ges.-B., und ebenso muß die Entwendung solcher Rinde bestraft werden, welche der Dieb selbst von bereits geschlagenen Bäumen abschält, weil die Borke als ein Theil des Baumes die Natur des Ganzen hat.

12) Auch Spähne rc. nehmen übrigens den Charakter des geschlagenen Holzes an, sobald der Berechtigte es durch Bearbeitung, Zurichtung oder Einsammlung und Aufstellung äußerlich gekennzeichnet hat, daß er dieselben als bereits gewonnene Früchte ansehe. Spätere Wegnahme aus dem Walde oder von der auch nicht umschlossenen Ablage ist also nach § 217 No. 3 Str.-Ges.-B. zu ahnden.

13) Holzablagen sind Plätze, wohin geschlagenes Holz zur vorläufigen Aufbewahrung und zum Zwecke demnächstigen Weitertransports aus dem Schlage geschafft wird.

Zu §. 2.

1) Die Anwendbarkeit des §. 2 ist nicht auf die speziell darin genannten Wald-

Waldprodukten anderer Art, insbesondere an Gras, Kräutern, Haide, Moos, Laub, anderm Streuwerk, an Kienäpfeln, Waldsämereien und Harz, welche sich in Forsten oder auf andern hauptsächlich zur Holznutzung bestimmten Grundstücken befinden und nicht bereits eingesammelt sind.

Die über den Holzdiebstahl gegebenen Vorschriften finden auf die Diebstähle an solchen Waldprodukten Anwendung, sofern nicht ausnahmsweise ein Anderes bestimmt ist (§§. 7 und 8).

41 §. 3. Der Holzdiebstahl wird, unabhängig von dem Ersatze des Werthes des Entwendeten und des etwaigen sonstigen Schadens, mit einer Geldbuße bestraft, welche dem vierfachen Werthe des Entwendeten gleichkommt und niemals unter zehn Silbergroschen betragen darf.

42 §. 4. Die Geldbuße soll dem sechsfachen Werthe des Entwendeten gleichkommen und niemals unter fünfzehn Silbergroschen sein:

1) wenn der Diebstahl zur Nachtzeit (Strafgesetzbuch §. 28) oder an einem Sonn- oder Festtage begangen wird;
2) wenn der Thäter sich vermummt, das Gesicht gefärbt, oder andere Mittel angewendet hat, um sich unkenntlich zu machen;
3) wenn derselbe auf Befragen des Bestohlenen oder des Forst-

---

produkte beschränkt. Streng genommen muß alles Nutzbare, was der Wald erzeugt, hierher gerechnet werden. Indeß wendet die Praxis den §. 2 nur auf solche Produkte an, die dem Waldeigenthümer selbst einen forst- oder landwirthschaftlichen Nutzen gewähren, während die Wegnahme anderer Produkte, namentlich das Einsammeln von Waldbeeren, Pilzen, Haselnüssen 2c. in den verschiedenen Forstordnungen nur mit polizeilicher Strafe bedroht ist, wenn es ohne die Erlaubniß des Waldbesitzers geschieht, oder dabei gegen sonstige Anordnungen verstoßen wird. Ebenso wird das unbefugte Sammeln von Ameisen-Eiern, das Ausnehmen der Eier oder Jungen von nicht jagdbaren Vögeln (hinsichtlich des jagdbaren Federwilds s. §. 347 No. 12 Str.-Ges.-B. — unten No. 113), sowie das Abzapfen des Birkensaftes u. dergl. meist nur forstpolizeilich geahndet.

2) Der Harzdiebstahl ist zwar mit im §. 2 aufgeführt, wird aber im Uebrigen (vergl. §§. 7—9. 16. 45) wie der eigentliche Holzdiebstahl behandelt.

Beschädigung der Bäume, um das Ausfließen des Harzes zu befördern, ist, wenn keine Entwendung damit verbunden war, nur forstpolizeilich strafbar.

3) Sind die hier in Rede stehenden Produkte bereits gesammelt, so ist ihre Wegnahme als gemeiner Diebstahl der §§. 215. 216 Str.-Ges.-B. anzusehen.

4) Im Uebrigen gilt das in den Anm. 1—3. 5 u. 6 zu §. 1 Gesagte auch hier.

Zu §. 3.

Hat Jemand mehrere selbstständige Holzdiebstähle verübt, so tritt für jeden einzelnen Fall die volle gesetzliche Strafe ein. §§. 56. 338 Str.-Ges.-B. (oben Nr. 27 u. 37).

Zu §. 4.

No. 1.

1) Die Nachtzeit umfaßt nach §. 28 Str.-Ges.-B. für die Zeit vom 1. Oktober bis 31. März die Stunden von 6 Uhr Abends bis 6 Uhr Morgens, für die Zeit vom 1. April bis 30. September die Stunden von 9 Uhr Abends bis 4 Uhr Morgens.

No. 3.

2) Gebrauch eines falschen Namens bei Gelegenheit eines Holzdiebstahls wird hiernach nur als ein erschwerender Umstand des Diebstahls selbst mit diesem

beamten seinen Namen oder Wohnort anzugeben verweigert, oder falsche Angaben über seinen Namen oder Wohnort gemacht hat;

4) wenn er sich zur Verübung des Diebstahls der Säge oder des Messers bedient hat.

§. 5. Der Versuch des Holzdiebstahls, die Theilnahme an einem 43
Holzdiebstahle oder an einem Versuche desselben, die Begünstigung im Falle des §. 38 des Strafgesetzbuchs wird mit der vollen Strafe des Holzdiebstahls belegt.

Die Begünstigung eines Holzdiebstahls im Falle des §. 37 des Strafgesetzbuchs wird mit einer Geldbuße bestraft, deren Betrag den doppelten Werth des Entwendeten erreichen kann, jedoch niemals unter zehn Silbergroschen sein soll.

§. 6. Wer sich in Beziehung auf einen Holzdiebstahl der Hehlerei 44
schuldig macht, wird mit einer Geldbuße bestraft, welche dem vierfachen Werthe des Entwendeten gleichkommt, jedoch nicht unter zehn Silbergroschen sein soll.

§. 7. Befindet sich der Schuldige im ersten oder zweiten Rück- 45
falle, so soll die Geldbuße dem sechsfachen Werthe des Entwendeten gleichkommen und nicht unter fünfzehn Silbergroschen sein; im Falle des §. 4 soll sie dem achtfachen Werthe des Entwendeten gleichkommen und nicht unter zwanzig Silbergroschen sein.

Diese Bestimmung findet bei Diebstählen von Raff- und Leseholz und andern Waldprodukten außer dem Holze und Harze auch im dritten und fernern Rückfalle Anwendung.

§. 8. Im Rückfalle befindet sich derjenige, welcher, nachdem er 46
wegen Holz- und Harzdiebstahls von einem Preußischen Gerichte rechtskräftig verurtheilt worden, innerhalb der nächsten zwei Jahre nach der Verurtheilung einen Holzdiebstahl begeht.

---

zugleich bestraft, während sonst nach §. 105 Str.-Ges.-B. eine selbstständige Strafe bis zu 100 Thlrn. oder Gefängniß bis zu 3 Monaten darauf steht.

Zu §§. 5 u. 6.

Ueber die Begriffe des Versuchs, der Theilnahme und Begünstigung vergl. §§. 31. 34. 37 u. 38 Str.-Ges.-B. (oben No. 10. 13. 15. 16), über Hehlerei § 237 Str.-Ges.-B. (unten No. 96).

Zu §. 7 Abs. 2.

1) Die Gleichstellung des Raff- und Leseholzes mit den milder behandelten Waldprodukten beruht darauf, daß die Aneignung desselben für die Forstkultur weniger nachtheilig ist, als die Entwendung von anderm Holze und von Harz.

2) Ueber den Umfang der Raff- und Leseholzberechtigung entscheidet, wo nicht durch speziellen Rechtstitel — Vertrag, Verjährung 2c. — andere Grenzen bestimmt sind, der §. 215 Tit. 22 Th. I Allg. Land-Rechts (unten No. 168).

3) Hinsichtlich des Diebstahls an anderm Holze und am Harz vergl. unten §. 16.

Zu §. 8.

1) Der Begriff des Rückfalls ist hier an zwei Voraussetzungen geknüpft.

In Beziehung auf den Rückfall macht es keinen Unterschied, ob die That in dem frühern oder spätern Falle oder in beiden Fällen Diebstahl, Versuch des Diebstahls, Theilnahme, Begünstigung oder Hehlerei darstellt.

Die Verurtheilung wegen Holz- und Harzdiebstahls begründet bei Diebstählen von Raff- und Leseholz und andern Waldprodukten keinen Rückfall, und umgekehrt.

Diebstähle an Holz und andern Waldprodukten, welche nicht Holzdiebstähle im Sinne dieses Gesetzes sind, kommen nicht in Anrechnung.

47 §. 9. In allen Fällen (§§. 3—8) kann neben der Geldbuße eine Gefängnißstrafe bis zu vierzehn Tagen verhängt werden, wenn entweder

1) drei oder mehrere Personen mit einander Holzdiebstahl verübt haben, oder
2) der Holzdiebstahl zum Zwecke des Verkaufs des Entwendeten verübt worden ist, oder
3) durch Ausführung des Holzdiebstahls dem Bestohlenen ein Schaden zugefügt worden ist, welcher nach Abrechnung des Werthes des Entwendeten mehr als fünf Thaler beträgt, oder
4) der Gegenstand des Diebstahls in Harz besteht.

48 §. 10. Für die Geldbuße, den Werthsersatz und die Kosten, zu denen Personen verurtheilt werden, welche unter der Gewalt oder Aufsicht oder in Diensten eines Andern stehen und zu dessen Hausgenossenschaft gehören, ist dieser im Falle ihres Unvermögens für verhaftet zu

---

Zunächst wird erfordert, daß der neue Frevel erst begangen sei, nachdem der Thäter wegen des frühern Falles bereits rechtskräftig verurtheilt war. Rechtskräftig aber ist die Verurtheilung mit Rücksicht auf den nach §. 38 des Gesetzes zulässigen Rekurs erst nach Ablauf von 10 Tagen seit der Publikation, in Kontumazialfällen seit der Insinuation des Erkenntnisses. Macht der Angeklagte innerhalb dieser Frist von dem Rechtsmittel des Rekurses Gebrauch, so tritt die Rechtskraft der Entscheidung II. Instanz sofort mit Publikation, bez. Insinuation derselben ein.

Andererseits ist aus Billigkeitsgründen der Rückfall beim Holzdiebstahl an eine ausnahmsweise kurze Verjährungsfrist geknüpft. Nach §. 60 Str.-Ges.-B. (oben No. 30) hört sonst die Straferhöhung wegen Rückfalls erst mit Ablauf von 10 Jahren seit Verbüßung der früheren Strafe auf. Dagegen tritt die Wirkung hier schon nach Verlauf von 2 Jahren seit der frühern Verurtheilung — nicht Strafverbüßung — ein.

Diese Voraussetzungen gelten auch für den zweiten und die weitern Rückfälle. Ein neuer Holzdiebstahl ist also nur dann zweiter Rückfall, wenn er erst nach rechtskräftiger Aburtheilung des den ersten Rückfall darstellenden Frevels, jedoch wiederum innerhalb der nächsten 2 Jahre nach dieser Verurtheilung begangen ist u. s. w. Liegt einmal zwischen einem Diebstahlsfalle und der nächstvorhergehenden Verurtheilung ein Zeitraum von mehr als 2 Jahren, so beginnt erst von hier ab wieder eine neue Rückfalls-Reihe.

2) Der Ausdruck „Begünstigung" im Abs. 2 umfaßt hier sowohl die im §. 37, als die im §. 38 Str.-Ges.-B. gedachte.

Zu §. 10.

1) Die hier eingeführte subsidiarische Haftbarkeit gilt auch für den Holzdiebstahl im dritten und ferneren Rückfalle (§. 16) bezüglich der alsdann neben der Gefängniß-

erklären, und zwar unabhängig von der ihn etwa selbst treffenden Strafe.

Die Haftbarkeit wird nicht ausgesprochen, wenn derselbe den Beweis führt, daß der Diebstahl nicht mit seinem Wissen verübt ist.

§. 11. Der Schuldige, welcher noch nicht das sechszehnte Lebens- 49
jahr vollendet hatte, wird, wenn er mit Unterscheidungsvermögen gehandelt hat, zur vollen gesetzlichen Strafe verurtheilt. Hat er ohne Unterscheidungsvermögen gehandelt, so wird er freigesprochen, und derjenige, welcher in Gemäßheit des §. 10 dieses Gesetzes haftet, zur Zahlung der Geldbuße, des Werthsersatzes und der Kosten, welche den Thäter getroffen haben würden, falls er das sechszehnte Lebensjahr vollendet gehabt hätte, unmittelbar als haftbar verurtheilt.

§. 12. An die Stelle einer Geldbuße, welche wegen Unvermögens 50
des Verurtheilten und des etwa für haftbar Erklärten nicht beigetrieben werden kann, soll Gefängnißstrafe nach Maßgabe der Bestimmungen in §. 14 des Strafgesetzbuchs treten. Die Dauer derselben soll vom Richter so bestimmt werden, daß der Betrag von zehn Silbergroschen bis zu zwei Thalern einer Gefängnißstrafe von einem Tage gleichgeachtet wird. Sie beträgt mindestens einen Tag und darf sechs Monate nicht übersteigen.

Kann nur ein Theil der Geldbuße beigetrieben werden, so tritt für den Rest derselben nach dem in dem Urtheile festgesetzten Verhältnisse die Gefängnißstrafe ein.

Gegen die in Gemäßheit der §§. 10 und 11 als haftbar Verurtheilten tritt an die Stelle der Geldbuße eine Gefängnißstrafe nicht ein.

§. 13. Statt der Gefängnißstrafe (§§. 9. 12) kann während der 51
für dieselbe bestimmten Dauer der Verurtheilte, auch ohne in einer Gefangenanstalt eingeschlossen zu werden, zu Arbeiten, welche seinen Fähigkeiten und Verhältnissen angemessen sind, angehalten werden (§.42).

---

strafe auszusprechenden Verpflichtung zum Werthsersatz und zur Tragung der Kosten.

2) Die subsidiarische Haftbarkeit aus §. 10 ist nicht auf solche Personen zu beschränken, denen eine Gewalt oder Aufsicht über den Thäter kraft positiver Gesetze zusteht; sie greift vielmehr überall Platz, wo Jemand nach gewöhnlicher Auffassung über einen Hausgenossen eine Aufsicht in der Weise führt, daß daraus die Vermuthung einer Mitwissenschaft an dem Holzdiebstahl entsteht.

Zu diesen subsidiarisch Verpflichteten gehört insbesondere auch der Ehemann im Verhältniß zur Frau.

Zu §. 13.

Nach dem Wortlaute des Gesetzes sind nicht bloß Forstarbeiten, sondern überhaupt alle den Fähigkeiten und Verhältnissen des Verurtheilten angemessene Arbeiten zulässig.

Eine Stellvertretung dabei ist nach allgemeinen Grundsätzen nicht gestattet.

52 §. 14. Die nähern Bestimmungen wegen der zu leistenden Arbeiten werden mit Rücksicht auf die vorwaltenden provinziellen Verhältnisse von den Bezirksregierungen in Gemeinschaft mit den Appellationsgerichten und in der Rheinprovinz in Gemeinschaft mit dem Generalprokurator erlassen. Diese Behörden sind ermächtigt, gewisse Tagewerke dergestalt zu bestimmen, daß die Verurtheilten, wenn sie durch angestrengte Thätigkeit mit der ihnen zugewiesenen Arbeit früher zu Stande kommen, auch früher entlassen werden können.

53 §. 15. Gegen Militärpersonen des Dienststandes ist von den zuständigen Militärgerichten nicht auf Geldbuße, sondern in Gemäßheit des Militärstrafgesetzbuchs auf entsprechende Freiheitsstrafe zu erkennen. Die Dauer derselben beträgt wenigstens einen Tag und darf das einer sechsmonatlichen Gefängnißstrafe entsprechende Maß nicht übersteigen.

Hinsichtlich des Militärgerichtsstandes verbleibt es bei den bestehenden Vorschriften.

54 §. 16. Wenn sich der eines im §. 1 bezeichneten Holz- oder eines Harzdiebstahls (§. 2) Schuldige im dritten oder fernern Rückfalle (§. 8) befindet, so kommen die Bestimmungen des §. 216 des Strafgesetzbuchs zur Anwendung; jedoch soll die Dauer des Gefängnisses nicht über zwei Jahre betragen.

Bei Anwendung des §. 219 des Strafgesetzbuchs werden Holzdiebstähle nicht in Betracht gezogen.

Zu §. 14.

Die hier vorbehaltenen Regulative wegen der zu leistenden Arbeiten sind durch die einzelnen Regierungs-Amtsblätter publizirt.

Zu §. 16.

1) Der Ausdruck „Holzdiebstahl" umfaßt hier nur die Entwendung von wirklichem Holz (§. 1 des Ges.), und zwar mit Ausnahme des Raff- und Leseholzes (s. §. 7).

2) Hinsichtlich der Vorbestrafungen s. Anm. 1 zu §. 8. Danach setzt also der dritte Rückfall drei, der vierte vier u. s. w. unverjährte Verurtheilungen voraus, d. h. es muß nicht nur die letzte rechtskräftige Verurtheilung innerhalb zweier Jahre vor der zu bestrafenden That erfolgt sein, sondern es muß auch jeder der früheren Diebstahlsfälle von der nächstvorhergehenden rechtskräftigen Verurtheilung nicht über zwei Jahre entfernt liegen.

3) Ueberhaupt sind auch für den dritten und fernern Rückfall alle Bestimmungen des §. 8 maßgebend, wie das ausdrückliche Citat dieses §. im §. 16 ergiebt. Es macht daher insbesondere auch hier keinen Unterschied, ob in dem jetzigen oder in einzelnen oder auch sämmtlichen frühern Fällen die That sich als Diebstahl, Versuch desselben, Theilnahme, Begünstigung oder Hehlerei darstellt. Doch kommen nur solche frühere Fälle in Betracht, deren Gegenstand in Holz (ausgenommen Raff- und Leseholz) oder in Harz bestand.

4) Der §. 16 enthält nur eine Strafbestimmung, die den Charakter der That selbst nicht ändert. Holzdiebstahl bleibt auch im dritten und fernern Rückfalle immer das besondere Vergehen des Holzdiebstahls und nimmt dadurch, daß er mit der Strafe des gemeinen Diebstahls bedroht ist, nicht etwa die Natur dieses Vergehens an. Er begründet daher gegen den gemeinen Diebstahl niemals Rückfall und umgekehrt. Ebenso ist die Frage, ob beim fünften und fernern Holzdiebstahl Rückfall vorliegt, lediglich aus §. 8 zu entscheiden, nicht aus §. 60 Str.-Ges.-B (oben No. 30),

§. 17. Aexte, Sägen, Beile und andere Werkzeuge, welche zur 55
Begehung des Holzdiebstahls gebraucht worden sind, sollen, ohne Unterschied, ob sie dem Schuldigen gehören oder ihm von Andern überlassen sind, für konfiszirt erklärt werden. Die Konfiskation erstreckt sich nicht auf die zur Wegschaffung des Entwendeten gebrauchten Thiere oder anderen Gegenstände.

§. 18. Die Verpflichtung des Schuldigen zum Ersatze des Wer- 56
thes des Entwendeten an den Bestohlenen wird neben der Strafe von Amtswegen ausgesprochen. Der Ersatz des Schadens, welcher außer dem Werthe des Entwendeten durch den Diebstahl verursacht ist, kann nur im Civilverfahren eingeklagt werden.

§. 19. Der Werth des Entwendeten wird sowohl hinsichtlich der 57
Geldstrafe, als des Ersatzes, wenn die Entwendung in einem Königlichen Forste verübt werden, nach der für das betreffende Forstrevier bestehenden Forsttaxe, in andern Fällen nach den bestehenden Lokalpreisen abgeschätzt.

---

d. h. die Rückfallsstrafe tritt auch hier nicht mehr ein, wenn seit der letzten Verurtheilung nur zwei Jahre verflossen sind, nicht etwa, wie beim gemeinen Diebstahl, erst mit Ablauf von zehn Jahren.

5) Für die Verjährung des nach §. 16 zu bestrafenden vierten und fernern Holzdiebstahls ist §. 46 Str.-Ges.-B. maßgebend, wonach also die Verjährungsfrist fünf Jahre beträgt. Vergl. §. 20.

6) Holzhändlern ist neben der Strafe rc. gemäß §. 46 zugleich der Fortbetrieb ihres Gewerbes zu untersagen.

Zu §. 17.

1) Die Ausnahme hinsichtlich der Transportmittel ist deshalb gemacht, weil diese oft von bedeutendem Werthe sind und deshalb ihre Konfiskation eine übermäßige Härte wäre. Der bloßen Pfändung sind sie dagegen allerdings unterworfen. Vergl. §§. 22. 23.

2) Die Konfiskation hat den vollständigen Verlust der betreffenden Gegenstände für den Angeklagten zur Folge. Die Konfiskate verfallen dem Fiskus. Hinsichtlich der Behandlung derselben s. Anm. 3 zu §. 22.

Zu §. 18.

1) Die Vorschrift des §. 18 greift auch in den nach §. 16 zu bestrafenden Fällen Platz. Es muß daher in den betreffenden Anzeigen der Forstbeamten auch hier der Werth des Entwendeten angegeben werden.

2) Nach der Praxis wird die Verpflichtung zum Werthsersatze meist nicht ausgesprochen, wenn das gestohlene Gut dem Diebe abgenommen oder sonst im Besitze des Waldeigenthümers verblieben ist. Das Ober-Tribunal ist jedoch der Meinung, daß auch in solchen Fällen auf den Ersatz des Werthes zu erkennen sei.

3) Der besondere Schaden, außer dem einfachen Werthe des Gestohlenen, ist in vielen Fällen, z. B. bei Entwendung gepflanzter Stämmchen u. dergl. der hauptsächliche. Da indeß die oft schwierige Feststellung desselben die Einfachheit des Untersuchungsverfahrens beeinträchtigen würde, ist die Erörterung ein- für allemal dem Civilprozesse vorbehalten.

Zu §. 19.

Der Regierungs-Entwurf wollte für die Privatforsten landräthlich genehmigte Lokaltaxen zu Grunde legen. Dieser zur Vereinfachung der Werthsfeststellung jedenfalls sehr zweckdienliche Vorschlag ist jedoch von den Kammern nicht gebilligt worden.

58 §. 20. Der Holzdiebstahl, welcher nicht unter die Bestimmungen des §. 16 fällt, verjährt in drei Monaten.

Zweiter Abschnitt.

Von dem Verfahren.

59 §. 21. Hinsichtlich der Befugnisse der Forstbeamten bei Ermittelung und Verfolgung der Holzdiebstähle kommen die bestehenden gesetzlichen Vorschriften, insbesondere auch das Gesetz vom 12. Februar 1850 zur Anwendung.

60 §. 22. Wird Jemand bei Ausführung eines Holzdiebstahls oder gleich nach derselben betroffen oder verfolgt, so sind die zur Begehung des Diebstahls gebrauchten Werkzeuge, welche er bei sich führt, in Beschlag zu nehmen.

Zu §. 20.

1) Die Frist ist die für Uebertretungen im §. 339 Str.-Ges.-B. festgesetzte und wird vom Tage der That an gerechnet.

2) Der Holzdiebstahl im dritten und fernern Rückfalle verjährt erst in fünf Jahren. Anm. 5 zu §. 16.

Zu §. 21 ff.

Der zweite Abschnitt des Gesetzes (§§. 21—43) würde eigentlich in den zweiten, vom Strafverfahren handelnden Theil dieses Sammelwerks gehören. Um indeß den Text des Gesetzes nicht zu zerreißen, ist derselbe gleich hier mit eingefügt.

Zu §. 21.

Die hier in Rede stehenden Befugnisse sind insbesondere Arretirung des Thäters, Haussuchungen, Beschlagnahmen und Pfändungen. Das Nähere über diese Befugnisse, namentlich das Gesetz vom 12. Februar 1850 s. unten No. 178 ff.

Zu §. 22.

1) Die Vorschrift des §. 22 erschöpft und beschränkt die Thätigkeit des Forstbeamten nicht. Vielmehr bleiben ihm nebenher auch alle sonstigen Maßregeln unbenommen, soweit dieselben nach allgemeinen Bestimmungen überhaupt zulässig sind. So kann insbesondere der Beamte, um die Persönlichkeit des Thäters festzustellen, zur Arretirung schreiten u. s. w. Ebenso bleibt natürlich die Beschlagnahme des gestohlenen Gutes jederzeit gestattet.

2) Der Ausdruck „gleich nach der Ausführung eines Holzdiebstahls" enthält keine zeitliche Beschränkung. Es genügt, wenn nur der Thäter noch im Zusammenhange mit der That, z. B. bei der Fortschaffung, betroffen wird. So kann der Forstbeamte namentlich auch dann zur Pfändung schreiten, wenn er außerhalb des seiner Aufsicht anvertrauten Waldes Jemanden mit einer Holzladung unter Umständen antrifft, die auf einen in jenem Walde verübten Holzfrevel schließen lassen.

Auch bevor noch ein Diebstahl begangen worden, kann der Forstbeamte als Präservativmittel zur Pfändung schreiten, wenn er Jemanden unter Umständen betrifft, die den Verdacht eines unmittelbar bezweckten Frevels begründen, so namentlich im Falle des §. 44 dieses Gesetzes.

3) Hinsichtlich der Behandlung der den Holzdieben abgenommenen Werkzeuge ꝛc. hat der Finanz-Minister durch Reskript vom 1. September 1853 (Just.-Min.-Bl. S. 371) Folgendes bestimmt:

„Die zu konfiszirenden oder in Beschlag zu nehmenden Gegenstände (§§. 17 u. 22), sofern solche nicht nach §. 23 dem nächsten Ortsvorstande sofort zu überliefern sind, hat der betreffende Oberförster zur Disposition des Gerichts aufzubewahren und über diese Gegenstände ein Verzeichniß nach einem von der Königl. Regierung dazu zu ertheilenden Schema zu führen, worin unter A die werthvollen Gegenstände und

In den nämlichen Fällen können die zur Wegschaffung des Entwendeten gebrauchten Thiere oder andern Gegenstände gepfändet werden.

§. 23. Die gepfändeten Transportmittel werden dem nächsten Ortsvorstande auf Gefahr und Kosten des Eigenthümers zur Aufbe- 61

---

solche, deren Verkauf und Rückkehr in den Gebrauch ohne überwiegende Nachtheile für zulässig zu erachten ist, und unter B die werthlosen Gegenstände und solche, deren Verkauf und Rückkehr in den Gebrauch aus polizeilichen Gründen nicht angemessen, deren Vernichtung vielmehr rathsam ist, zu verzeichnen sind.

Zur Vermeidung beträchtlicher Transportkosten sind die Gegenstände sub A, wenn nicht zu einer frühern Abführung Veranlassung ist, nur vierteljährlich an das Gericht gegen Bezahlung der Transportkosten abzuliefern, wogegen die Gegenstände sub B, um das Gericht nicht mit Uebersendung werthloser Sachen zu belästigen, deren Transportkosten vielleicht nicht einmal durch den aus dem Verkaufe zu erwartenden Erlös gedeckt werden würden, und um zu verhindern, daß Gegenstände, welche zum Holzdiebstahl dienen, und durch deren Verkauf dem Diebstahl an Holz oder andern Waldprodukten Vorschub geleistet werden würde, in den Gebrauch zurückkehren, dem Gerichte nicht mit zu übersenden sind. Von derartigen Gegenständen ist vielmehr vierteljährlich zunächst nur ein besonderes Verzeichniß dem Gerichte mitzutheilen und seiner Bestimmung anheimzustellen, ob es mit der Vernichtung dieser Gegenstände einverstanden ist, oder ob und welche davon dennoch an das Gericht zu übersenden sind. Soweit das Gericht mit der Vernichtung einverstanden ist, ist dieselbe vom Oberförster unter Zuziehung des Ortsvorstandes in angemessener Weise, bei Sägen, Aexten, Messern ꝛc. durch in Gegenwart des Oberförsters und des Ortsvorstandes gegen Ueberlassung des Materials zu bewirkendes Zusammenschlagen in einer Schmiede, zu besorgen und solches unter der, dem Gerichte zurückzusendenden desfallsigen Nachweisung zu bescheinigen. Dabei ist, wenn der Werth des Materials die mit der Vernichtung der Werkzeuge verbundenen Kosten übersteigt, der Erlös zu bemerken und dessen Einzahlung zur betreffenden Salarienkasse zu veranlassen. Sollte wider Erwarten die Vernichtung solcher Gegenstände, welche aus polizeilichen Rücksichten zweckmäßig außer Gebrauch zu setzen sind, von einzelnen Gerichten beanstandet werden, so hat die Königl. Regierung vorkommenden Falls Anzeige zu machen und Vorschläge anzugeben, in welcher Art dem Uebelstande abzuhelfen sein möchte."

Da sich später bei den Gerichten eine zu enge Auffassung geltend machte, hat der Justiz-Minister dieselben durch Reskript vom 28. Februar 1860 (Just.-Min. Bl. S. 94) dahin angewiesen:

„Zu den aus polizeilichen Rücksichten für die Vernichtung zu bestimmenden, in Beschlag genommenen Werkzeugen sind auch andere zu rechnen, als die, welche nach ihrer Konstruktion speziell für Forstfrevel gefertigt sind, oder demselben wesentlich Vorschub leisten. Es kommt insbesondere darauf an, ob die in Beschlag genommenen Werkzeuge zur Begehung von Holzdiebstahl fernerhin gebraucht werden können. Von diesem Gesichtspunkte aus läßt sich nichts dagegen erinnern, daß z. B. die vom Gerichte als konfiszirt erklärten Sägen, Messer, Haken zum Abreißen der Aeste, Beile, Aexte, Hippen, Sicheln, Rechen und auch andere Werkzeuge, wenn deren Rückkehr in den Gebrauch aus besondern Gründen oder nach lokalen Verhältnissen bedenklich erscheint, in das Verzeichniß B aufgenommen und als zur Vernichtung geeignet erachtet werden.

Der Erfahrung nach ist der Verlust der zum Holzdiebstahl gebrauchten Werkzeuge den Holzdieben sehr oft empfindlicher und schreckt von der Wiederholung mehr ab, als die geringe Geld- oder Freiheitsstrafe. Diese Wirkung der Konfiskation wird aber aufgehoben, oder doch erheblich geschwächt, wenn die Holzdiebe bei dem von der Behörde angeordneten Verkaufe der ihnen abgenommenen Werkzeuge Gelegenheit finden, dieselben um einen geringen Preis wieder zu erlangen.

Der Justiz-Minister erachtet es daher für angemessen, daß die Gerichte, falls nicht ganz besondere Gründe obwalten, in Betreff der Frage, welche konfiszirte Werkzeuge der gedachten Art zur Vernichtung zu bestimmen sein möchten, möglichst die Gutachten und Anträge der Forstbeamten berücksichtigen."

wahrung überliefert, bis eine der Höhe nach vom Ortsvorstande zu bestimmende baare Summe, welche dem Geldbetrage der etwa erfolgenden Verurtheilung nebst den Kosten der Aufbewahrung oder dem Werthe der Transportmittel gleichkommt, in die Hände des Ortsvorstandes oder gerichtlich niedergelegt wird.

Geschieht die Niederlage nicht innerhalb acht Tagen, so kann der gepfändete Gegenstand auf Verfügung des Richters öffentlich versteigert werden.

62 §. 24. Die Zuständigkeit der Gerichte und das Verfahren wegen der in dem §. 16 vorgesehenen Holzdiebstähle richtet sich nach den für Vergehen bestehenden allgemeinen Vorschriften. Bei Kontumazial-Urtheilen ist jedoch nur der Tenor derselben dem Verurtheilten zuzustellen.

Hinsichtlich der übrigen durch dieses Gesetz vorgesehenen strafbaren Handlungen kommen die Vorschriften über die Zuständigkeit der Gerichte und das Verfahren bei Uebertretungen mit nachstehenden Abänderungen und nähern Bestimmungen zur Anwendung.

63 §. 25. Der Gerichtsstand ist begründet bei den Gerichten des Sprengels, in dessen Bezirke der Diebstahl verübt worden ist.

64 §. 26. Die gerichtliche Verfolgung steht dem Polizeianwalte zu. Die Verrichtungen desselben können verwaltenden Forstbeamten übertragen werden.

65 §. 27. Die Anschuldigung muß enthalten:

1) den Namen, das Gewerbe, den Wohn- und Aufenthaltsort des Angeschuldigten und der sonst haftbaren Personen (§§. 10. 11);

Zu §. 24.

Hiernach gehören also Holzdiebstähle im dritten und fernern Rückfalle (§. 16) vor die Gerichtsabtheilungen bez. die Rheinischen Zuchtpolizei-Kammern, und ihre Verfolgung steht dem Staatsanwalt bez. Oberprokurator zu. Alle übrigen Fälle dagegen sind ohne Rücksicht auf die Höhe der Strafe vor den Einzelrichter verwiesen. Vergl. unten No. 254 ff.

Ueber den Ausnahmefall des §. 46 s. die Anm. dazu.

Zu §. 25.

Wo, wie in den Fällen der §§. 44. 45 u. 47 von einem Diebstahl nicht die Rede ist, bestimmt sich der Gerichtsstand nach den allgemeinen Regeln (unten No. 264).

Zu §. 26.

1) Nach dem Reskripte vom 12. Febr. 1853 (Just.-Min.-Bl. S. 167) können die verwaltenden Forstbeamten zu Polizeianwalten für alle in ihrem Amtsbezirke überhaupt vorkommenden Uebertretungen, nicht bloß für die Holzdiebstähle, ernannt werden.

2) Ueber die Funktionen der Polizeianwalte überhaupt s. die Instruktion des Justiz-Ministers vom 24. Novbr. 1852 (unten No. 378 ff.) und in Betreff der Forstpolizeianwalte speziell den Nachtrag dazu vom 1. Juli 1853 (unten No. 447 ff.).

Zu §§. 27. 28.

1) Die im §. 28 vorgeschriebenen Listen dürfen nur die nach diesem Gesetze zu bestrafenden Fälle enthalten. Die nach §. 16 zu ahndenden dritten Rückfälle, sowie

2) die Bezeichnung des entwendeten Gegenstandes und dessen taxmäßigen Werthes (§. 19);

3) die Angabe der nähern Umstände, als: der Zeit und des Ortes der Entwendung und des Betreffens; ob die Entwendung unter erschwerenden Umständen (§§. 4. 9) geschehen; ob sie mit einem Angriffe oder einer Widersetzlichkeit bei dem Betreffen verbunden gewesen sei; ob der Thäter sich im Rückfalle befinde u. s. w.;

4) die Angaben, welche Thatsachen der Forstbeamte selbst wahrgenommen habe; hinsichtlich der übrigen Thatsachen müssen die Zeugen benannt und die sonstigen Beweismittel angegeben werden.

Die etwa in Beschlag genommenen oder gepfändeten Sachen werden verzeichnet.

§. 28. Die Forstbeamten haben die in ihren Revieren vorge- 66
fallenen Entwendungen, welche vor das nämliche Polizeigericht gehören, unter fortlaufenden Nummern in ein Verzeichniß zu bringen, welches in tabellarischer Form die im §. 27 erwähnten Kolumnen enthält und mit einer fünften Kolumne zu den unten (§§. 29. 39 und 40) bemerkten Zwecken zu versehen ist.

Das Verzeichniß muß von demjenigen Forstbeamten, welcher es aufgestellt hat, und in Ansehung der Entwendungen, welche von einem andern Forstbeamten entdeckt worden sind, von diesem unterschrieben werden. Es wird in zwei Exemplaren geführt, deren eines der Polizeianwalt dem Gerichte zu übergeben hat. Das in der Hand des Polizeianwalts verbleibende Exemplar kann so gefertigt werden, daß jeder Anzeigefall mit der Unterschrift des Forstbeamten sich auf einem besondern Blatte befindet.

Diebstähle an geschlagenem Holze und andere Vergehen und Verbrechen, sind dagegen, und zwar jeder Fall für sich, dem kompetenten Staatsanwalt anzuzeigen. Ebenso dürfen Uebertretungen, die nicht unter das Holzdiebstahlsgesetz fallen, nicht mit in das Verzeichniß aufgenommen, sondern müssen dem kompetenten Polizeianwalt besonders angezeigt werden.

2) Auch diejenigen Defraudanten, welche ihre Strafgelder freiwillig anbieten, müssen in das Verzeichniß gebracht und es muß ein Erkenntniß gegen sie abgefaßt werden, da kein Forstbeamter oder Waldeigenthümer eine selbstständige Strafgewalt hat und die Verurtheilung überdies nothwendig ist, um künftig einen Rückfall zu begründen. Die Oberförster sollen in derartigen Fällen die Defraudanten an die Forstkasse verweisen, welche das Geld asservirt und nach ergangenem Erkenntniß verrechnet. Diese Anweisung ist aber dadurch unpraktisch geworden, daß jetzt die Strafgelder nicht mehr zu den Forstkassen, sondern definitiv zu den gerichtlichen Salarienkassen fließen (Anm. 1 zu §. 42). Es erscheint also gegenwärtig eine Vorausbezahlung überhaupt nicht mehr zulässig.

3) Der Schlußsatz des §. 28 hat den Fall im Auge, daß einzelne Fälle am Sitzungstage nicht definitiv abgemacht werden, andere dagegen in die II. Instanz gelangen. Da das Verzeichniß des Polizeianwalts an das Gericht der höheren Instanz mit eingesendet wird (§. 40), so würde er dasselbe für die weitere Verhandlung der in erster Instanz noch unerledigt gebliebenen Sachen nicht zur Hand haben. Diesen

67 §. 29. Zu der bestimmten Gerichtssitzung werden die Angeschuldigten und die etwa sonst haftbaren Personen mittelst Zufertigung eines Auszugs und dem Verzeichnisse unter der Verwarnung vorgeladen, daß sie bei ihrem Ausbleiben der ihnen zur Last gelegten Thatsachen für geständig werden erachtet werden. Der Beamte, welcher die Insinuation bewirkt hat, bescheinigt in der fünften Kolumne des bei dem Gerichte verbleibenden Verzeichnisses die gehörig geschehene Vorladung mit Angabe der Personen, welchen der Auszug zugestellt worden, und des Tages, an welchem dies geschehen ist. Wenn die Insinuation durch einen nicht bei dem Gerichte angestellten Beamten bewirkt wird, so geschieht die Bescheinigung auf einer demselben übergebenen Abschrift des Auszuges. Die Behändigung der Ladung darf nicht in den letzten acht Tagen vor der Gerichtssitzung geschehen, widrigenfalls darauf kein Kontumazial-Erkenntniß ergehen kann oder dem erscheinenden Angeschuldigten auf dessen Antrag die Vertagung bis zur nächsten Sitzung zu gestatten ist.

Das Mandatsverfahren ist ausgeschlossen.

68 §. 30. Die Forstbeamten, welche die Diebstähle entdeckt haben, sind durch ihre Dienstbehörde zu veranlassen, an dem bestimmten Tage in der Sitzung zu erscheinen. Die etwaigen sonstigen Belastungszeugen sind zu derselben vorzuladen.

Die Beschuldigten müssen ihre etwaigen Vertheidigungszeugen entweder freiwillig in derselben Sitzung gestellen, oder deren Vorladung zu dieser Sitzung in dem gesetzlichen Wege rechtzeitig erwirken.

69 §. 31. Die Angaben der zur Ermittelung der Holzdiebstähle gerichtlich vereideten Forstschutz-Beamten haben in Ansehung derjenigen Thatsachen, welche auf deren eigner dienstlicher Wahrnehmung beruhen, Beweiskraft bis zum Gegenbeweise. Dasselbe gilt von der durch einen solchen Forstschutz-Beamten vorgenommenen Abschätzung des Werths des Entwendeten.

Uebelstand behebt es, wenn jeder Anzeigefall sich auf einem besondern Blatte befindet, da sodann nur das betreffende Blatt an das Gericht höherer Instanz eingesendet zu werden braucht, die übrigen aber in den Händen des Polizeianwalts verbleiben.

Zu §. 30.

Wenn der Angeklagte seine Vertheidigungszeugen zu spät vor der Sitzung oder erst in der Sitzung selbst benennt, so geht er derselben darum doch nicht verlustig. Es ist vielmehr auch in diesem Falle ihre Erheblichkeit zu prüfen und event. die Vertagung der Sache anzuordnen.

Zu §. 31.

1) Nur den Angaben der speziell zur Ermittelung der Holzdiebstähle gemäß §. 33 vereideten Forstschutzbeamten ist hier positive Beweiskraft beigelegt. Der bloße Diensteid, den der Beamte etwa außerdem geleistet, hat diese Wirkung nicht. Bei einer nur diensteidlich bekräftigten Aussage kommt es vielmehr, wie bei gewöhn-

§. 32. Die mit dem Forstschutze beauftragten Personen dürfen 70
zur Ermittelung der Holzdiebstähle nur vereidet werden:

1) wenn sie Königliche Beamte sind;
2) wenn sie von Gemeinden oder andern Waldeigenthümern auf Lebenszeit oder nach einer vom Landrath bescheinigten dreijährigen tadellosen Forstdienstzeit auf mindestens drei Jahre mittelst schriftlichen Kontrakts angestellt sind;
3) wenn sie zu den für den Forstdienst bestimmten oder mit Forstversorgungsschein entlassenen Militärpersonen gehören, in Gemäßheit der darüber ergangenen oder ergehenden Verordnungen.

In den Fällen zu 2 und 3 ist eine ausdrückliche Genehmigung der Bezirksregierung zu der Vereidung erforderlich.

---

lichen Zeugen, lediglich auf die Ueberzeugung des Richters an. §. 22 der Verordn. vom 3. Januar 1849 (unten No. 278).

2) Da übrigens der Beamte nach §. 33 nur für sein eignes (gegenwärtiges und zukünftiges) Revier vereidet wird, so ist auch die im §. 31 angeordnete Beweiskraft auf den ihm jeweilig anvertrauten Schutzbezirk beschränkt, ohne Rücksicht jedoch darauf, ob dieser Bezirk einem oder mehrern Eigenthümern gehört.

Zu §. 32 No. 3.

Hinsichtlich der Vereidung der Korpsjäger bestimmen

1) die Kab. Ordre vom 6. Oktober 1837, resp. 19. April 1838 (Ges.-S. 1838 S. 257):

daß die zum 20jährigen Militärdienste verpflichteten Korpsjäger, welche, nachdem sie zur Reserve oder als halbinvalide beurlaubt, interimistisch als Forstschutzbeamte angestellt und als solche vorschriftsmäßig vereidet worden, in Betreff der Glaubwürdigkeit vor Gericht und der Befugniß zum Waffengebrauch die Rechte haben, welche den auf Lebenszeit angestellten Forstbedienten nach §§. 19 und 28 des Holzdiebstahlsgesetzes vom 7. Juni 1821 und nach dem Gesetz über den Waffengebrauch vom 31. März 1837 zustehen;

2) die Kab.-Ordre vom 21. Mai 1840 (Ges.-S. S. 129):

daß die Bestimmungen des (vorstehenden) Erlasses vom 6 Oktober 1837 auch auf diejenigen Korpsjäger auszudehnen, die im Kommunal- und Privatdienst zwar nicht auf Lebenszeit angestellt, aber vorschriftsmäßig vereidet sind; jedoch mit den Maßgaben, daß a) die erwähnten Befähigungen nur solchen Korpsjägern beigelegt sein sollen, welchen bei ihrer Beurlaubung von dem Kommandeur der betreffenden Jägerabtheilung ausdrücklich bescheinigt wird, daß ihre dienstliche sowohl als sittliche Führung die Voraussetzung eines solchen vorzüglichen Grades von Zuverlässigkeit begründe, der es gestatte, ihnen bei ihrer einstweiligen Verwendung im Forst- und Jagddienste die Befugniß zum Waffengebrauch und die Glaubwürdigkeit vor Gericht beizulegen; b) daß aber, sobald sich während der Verwendung eines solchen Korpsjägers im Kommunal- oder Privat-Forst- und Jagddienst Umstände herausstellen, die es bedenklich machen, ihn ferner im Besitz der erwähnten Befähigungen zu lassen, die Regierungen ermächtigt sein sollen, ihm solche auf den Antrag der Polizeibehörden zu entziehen;

3) die Kab.-Ordre vom 19. Februar 1842 (Ges.-S. S. 111):

daß die Bestimmungen der Ordre vom 21. Mai 1840 auch auf die von Königl. Forstbeamten zu ihrer Unterstützung oder zur Verstärkung des Forstschutzes angenommenen und vorschriftsmäßig vereideten Korpsjäger auszudehnen sind;

4) der Allerh. Erlaß vom 21. August 1855 (Ges.-S. S. 633):

daß denjenigen auf Forstversorgung dienenden Jägern, die nach 3jähriger Dienstzeit während der 6 Wintermonate oder zur Disposition ihres Truppentheils beurlaubt werden, das in der Ordre vom 21. Mai 1840 vorgeschriebene Qualifikations-

71 §. 33. Die Vereidung erfolgt vor dem Gerichte, bei welchem der Forstschutzbeamte in dieser Eigenschaft seine Verrichtungen auszuüben hat, oder falls sein Revier in mehrere Gerichtsbezirke fällt, bei dem Gerichte seines Wohnorts ein- für allemal dahin:

daß er die Diebstähle an Holz und andern Waldprodukten, welche in dem seinem Schutze gegenwärtig anvertrauten oder künftig anzuvertrauenden Bezirke vorfallen und zu seiner Kenntniß kommen, mit aller Treue, Wahrheit und Gewissenhaftigkeit anzeigen, was er über die Thatumstände der strafbaren Handlung und über die Urheber und Theilnehmer entweder aus eigner Sinneswahrnehmung oder durch fremde Mittheilung erfahren habe, mit genauer Beachtung dieses Unterschiedes angeben, auch den Werth des entwendeten Gegenstandes gewissenhaft und der Vorschrift gemäß abschätzen wolle.

Eine Ausfertigung des Vereidigungsprotokolls wird den übrigen Gerichten, bei welchen der Forstschutzbeamte etwa dienstlich aufzutreten hat, mitgetheilt.

72 §. 34. Wenn der Forstschutzbeamte eine Denunziantenbelohnung empfängt, so tritt die im §. 31 bestimmte Beweiskraft nicht ein, und die im §. 33 vorgeschriebene Vereidung soll nicht stattfinden.

73 §. 35. Die Bezirksregierung ist befugt, die in Gemäßheit des §. 32 ertheilte Genehmigung zurückzuziehen. In diesem Falle erlischt die Wirkung der stattgehabten Vereidung für die Zukunft. Sie erlischt von Rechtswegen, wenn gegen den Forstschutzbeamten eine Verurtheilung ergeht, welche die Amtsentsetzung eines Königlichen Beamten von Rechtswegen nach sich ziehen würde. In beiden Fällen ist die Dienstherrschaft befugt, den lebenslänglich angestellten Forstbeamten aus dem Dienste zu entlassen.

74 §. 36. Das Sitzungsprotokoll wird mit Bezug auf die Nummern des Verzeichnisses (§. 28) geführt.

---

zeugniß des Kommandeurs des betreffenden Jägerbataillons Behufs der Glaubwürdigkeit vor Gericht in Forststrafsachen und der Befugniß zum Waffengebrauch im Forstschutzdienst ertheilt werden darf, vorausgesetzt, daß sie sich in jeder Beziehung gut geführt und als zuverlässig bewährt haben.

Zu §. 33.

1) Dieser Eid, der nur bei Konstatirung der Holzdiebstähle zur Geltung gelangt, steht neben dem etwa noch sonst zu leistenden Diensteide. Vergl. Anm. 1 zu §. 31.

2) Indem die Eidesformel sich zugleich auf die dem Beamten künftig anzuvertrauenden Bezirke erstreckt, macht sie bei Versetzungen 2c. eine nochmalige Vereidung unnöthig.

Zu §. 35.

Die Amtsentsetzung eines Königl. Beamten tritt nach §§. 12. 21. 22 Str.-Ges.-B. von Rechtswegen ein, wenn derselbe durch Verurtheilung zu einer Zuchthausstrafe der bürgerlichen Ehre verlustig geht, oder wenn ihm die Ausübung der Ehrenrechte auch nur auf Zeit untersagt wird.

§. 37. Von dem ergehenden Kontumazial-Urtheile wird dem Ver- 75
urtheilten nur der Tenor insinuirt, und zwar durch Zustellung einer von dem Gerichtsschreiber beglaubigten Abschrift.

Die Zustellung wird von dem Beamten, welcher sie bewirkt hat, am Rande des Sitzungsprotokolls vermerkt, oder, wenn er nicht bei dem Gerichte angestellt ist, auf einer ihm übergebenen Abschrift des Auszuges bescheinigt.

§. 38. Das Rechtsmittel des Rekurses steht dem Beschuldigten 76
nur zu, wenn er zu einer Geldbuße von wenigstens fünf Thalern oder unmittelbar zu einer Gefängnißstrafe (§. 9) verurtheilt worden ist; dem Polizeianwalte, wenn auf Freisprechung erkannt, oder wenn das Strafgesetz verletzt oder unrichtig angewendet worden ist.

Hat der Polizeirichter sich mit Unrecht für zuständig oder für unzuständig erklärt, so ist das Rechtsmittel in allen Fällen zulässig.

Im Bezirke des Appellationsgerichtshofes zu Köln findet die Appellation nach den vorstehenden Bestimmungen statt: der Einspruch gegen Kontumazial-Urtheile ist nicht zulässig.

§. 39. Nachdem das Urtheil rechtskräftig geworden ist, wird der 77
Tenor desselben von dem Gerichtsschreiber in die fünfte Kolumne des dem Polizeianwalte übergebenen Verzeichnisses eingetragen.

Dieser Vermerk wird auf dieselbe Weise beglaubigt, wie die Ausfertigungen der Urtheile.

§. 40. Wird ein Rechtsmittel eingelegt, so hat der Gerichts- 78
schreiber eine Abschrift der auf dem Exemplar des Gerichts befindlichen Insinuations-Bescheinigungen, sowie den Vermerk über den Tenor des Urtheils (§. 39), in das dem Polizeianwalte übergebene Verzeichniß einzutragen. Dieses Verzeichniß und ein Auszug des Sitzungsprotokolls, so weit sie den Fall betreffen, werden an das Gericht der höhern Instanz befördert.

Der Gerichtsschreiber bei diesem Gerichte hat den Tenor des hier ergehenden Urtheils in der fünften Kolumne des Verzeichnisses zu vermerken, welches sodann an den Polizeianwalt zurückgelangt.

§. 41. Die Vollstreckung des Urtheils geschieht von Amtswegen, 79
wie bei andern Straferkenntnissen. Sie kann auf Grund des mit dem beglaubigten Urtheils-Vermerke versehenen Verzeichnisses erfolgen. Die Ertheilung besonderer Urtheils-Auszüge in den geeigneten Fällen ist nicht ausgeschlossen.

Im Bezirke des Appellationsgerichtshofes zu Köln bedarf es auch zur Vollstreckung des Urtheils in Beziehung auf den zu Gunsten von Gemeinden, Korporationen oder Privaten ausgesprochenen Werthsersatz nur eines beglaubigten Urtheils-Auszuges. Diese Bestimmung gilt auch in den Fällen, wo in Gemäßheit des §. 24 das für Vergehen vorgeschriebene Verfahren eintritt.

80 §. 42. Die Geldbußen, welche wegen Diebstahls an Gemeinde- oder Privat-Eigenthum ausgesprochen und eingezogen sind, sollen dem Bestohlenen zufließen und denselben nach einem vierteljährlich aufzustellenden Verzeichnisse überwiesen werden.

Weiset der Bestohlene, im Falle der Nichteinziehbarkeit der Geldbuße, der Behörde, welche die Leistung der Arbeiten (§. 13) zu überwachen hat, geeignete, zu seinem Vortheil gereichende Arbeiten an, so soll der Verurtheilte zu deren Leistung angehalten werden. Diese Anweisung muß jedoch erfolgen, bevor die anderweite Vollstreckung der Strafe begonnen hat.

81 §. 43. Die Gerichte sind befugt, wenn der Verurtheilte zu der Gemeinde gehört, welcher die erkannte Entschädigung und Geldbuße zufällt, die Beitreibung dieser Entschädigung und Geldstrafe nebst den Kosten der betreffenden Gemeinde-Behörde in der Art aufzutragen, daß sie die Einziehung durch ihre Gemeindekasse auf die nämliche Weise zu bewirken hat, wie die Einziehung der Gemeinde-Gefälle. Es dürfen jedoch dem Verurtheilten keine Mehrkosten erwachsen.

Inwiefern die Vollstreckung des Urtheils auch andern Behörden von den Gerichten aufgetragen werden könne, ist im Verwaltungswege zu bestimmen.

Dritter Abschnitt.

Bestimmungen zur Verhütung der Holzdiebstähle.

82 §. 44. Wer in fremden Waldungen (Forsten oder Büschen) außer dem zu gemeinem Gebrauche bestimmten öffentlichen Wege oder einem andern Wege, zu dessen Benutzung er berechtigt ist, mit Aexten, Sägen, Beilen, oder andern zum Fällen, Sammeln oder Wegschaffen des Holzes gebräuchlichen Werkzeugen betroffen wird, ohne sich durch Genehmigung des Waldeigenthümers oder des sonst zu deren Ertheilung Ermächtigten darüber rechtfertigen zu können, wird mit Geldbuße bis zu einem Thaler und im Unvermögensfalle mit verhältnißmäßiger polizeilicher Gefängnißstrafe bestraft.

Zu §. 42.

1) Für die Königl. Forsten wird Geldbuße und Werthsersatz bei den gerichtlichen Salarienkassen definitiv vereinnahmt und nicht mehr an die Forstkassen abgeführt. Reskript vom 23. Mai 1853 (Just.-Min.-Bl. S. 198).

2) Die Konfiskate stehen in allen Fällen dem Fiskus zu.

Zu §. 44.

Gleichzeitig tritt Konfiskation der Werkzeuge ein. §§. 219. 220 Tit. 22 Th. I Allg. Land-Rechts.

§. 45. Wer gestohlenes Holz (§. 1) oder Harz, von welchem er 83
wegen der Beschaffenheit desselben in Rücksicht auf die Person dessen, der es ihm anbot, und auf die Umstände, unter denen es geschah, vermuthen konnte, daß solches gestohlen war, erwirbt oder annimmt, wird mit einer Geldbuße bestraft, deren Betrag den doppelten Werth des Holzes oder Harzes erreichen kann, jedoch niemals unter zehn Silbergroschen und über funfzig Thaler sein soll.

Im Falle des Unvermögens tritt an die Stelle der Geldbuße verhältnißmäßige polizeiliche Gefängnißstrafe.

§. 46. Holzhändlern, welche wegen Ankaufs gestohlenen Holzes 84
(§. 45) oder wegen Holzdiebstahls unter erschwerenden Umständen (§. 9) bereits einmal verurtheilt sind, ist beim ersten Rückfall zugleich der gewerbliche Fortbetrieb des Holzhandels durch richterlichen Ausspruch zu untersagen.

Dieselbe Untersagung ist vom Richter auszusprechen gegen Holzhändler, die wegen Holzdiebstahls im dritten oder fernern Rückfall verurtheilt worden.

§. 47. Ein wegen Holzdiebstahls innerhalb der letzten zwei Jahre 85
Verurtheilter, in dessen Gewahrsam frisch gefälltes, nicht forstmäßig zugerichtetes Holz gefunden wird, soll, wenn er sich über den redlichen Erwerb nicht ausweisen kann, des Holzes, auch ohne daß eine daran verübte Entwendung festgestellt worden ist, zu Gunsten des Armenfonds seines Wohnorts verlustig sein.

§. 48. Wegen der in den §§. 44. 45 und 47 vorgesehenen Fälle 86
kommt das Verfahren bei Uebertretungen mit den in dem zweiten Abschnitte dieses Gesetzes bestimmten Abänderungen und nähern Bestimmungen zur Anwendung.

Zu §. 45.

Dieser §. handelt nur vom unvorsichtigen Ankauf. Wissentlicher Ankauf gestohlenen Holzes oder Harzes ist Hehlerei (§. 6). Auf geschlagenes Holz bezieht sich der §. 45 nicht mit.

Zu §. 46.

Die Fälle dieses §. gehören vor die Gerichtsabtheilungen, denn nach dem Einf.-Ges. zum Str.-Ges.-B. Art. XX (unten No. 257) ist da, wo es sich um den Verlust des Rechts zum Gewerbebetriebe für immer oder auf Zeit handelt, die Kompetenz des Einzelrichters unter allen Umständen ausgeschlossen. Anzeigen auf Grund des §. 46 sind also an den Staatsanwalt, in der Rheinprovinz an den Oberprokurator, zu richten.

Zu §. 47.

Durch den §. 47 werden die Kontrolvorschriften für den Transport von Holz und das Einbringen desselben in Ortschaften nicht berührt, welche in den meisten Provinzial-Forstordnungen, für Sachsen, Westphalen und die Rheinprovinz in der Verordnung vom 30. Juni 1839 (unten No. 133 ff.) enthalten sind.

Schluß- und Uebergangs-Bestimmungen.

87 §. 49. Wenn der Angeschuldigte die Einrede vorbringt, daß er zu der ihm zur Last gelegten Handlung berechtigt gewesen sei, so kommen die Bestimmungen des Gesetzes über das Verfahren in Wald-, Feld- und Jagdfrevel-Sachen bei Civileinreden vom 31. Januar 1845 (Ges.-S. S. 95) für den ganzen Umfang der Monarchie zur Anwendung.

88 §. 50. Die in der Feldpolizei-Ordnung vom 1. November 1847 mit Strafe bedrohten Uebertretungen werden, soweit sie nicht nach §. 1 unter die Bestimmungen des gegenwärtigen Gesetzes fallen, durch dasselbe nicht berührt.

89 §. 51. Pfandgelder sollen beim Holzdiebstahl, auch wenn sie bisher observanzmäßig stattfanden, nicht mehr erhoben werden.

90 §. 52. Bei Anwendung der Strafe des Rückfalles macht es keinen Unterschied, ob die früheren Straffälle vor oder nach dem Eintritte der Gesetzeskraft des gegenwärtigen Gesetzes vorgekommen sind, ob die frühere Strafe eine ordentliche oder außerordentliche war, ob die Strafe vollstreckt worden ist oder nicht.

91 §. 53. Die Fälle, wegen welcher bei dem Eintritte der Gesetzeskraft des gegenwärtigen Gesetzes die Untersuchung eingeleitet, über welche

---

Zu §. 49.

Nach Art. II des Ges. vom 14. April 1856 (Ges.-S. S. 208) soll das Gesetz vom 31. Januar 1845, welches ursprünglich nur für den Bezirk des Appellationsgerichtshofes zu Köln gegeben war, überhaupt für den ganzen Umfang der Monarchie zur Anwendung kommen.

Der wesentliche Inhalt des fragl. Gesetzes ist folgender.

Bringt der Angeschuldigte die durch Angabe des bestimmten Rechtsgrundes und der Beweismittel hinreichend bescheinigte Einrede vor, daß er zu der ihm als Frevel zur Last gelegten Handlung berechtigt gewesen sei, so muß das Strafverfahren ausgesetzt werden.

Das weitere Verfahren hängt sodann davon ab, ob die betreffende Einrede sich auf ein behauptetes Eigenthum, oder auf ein anderes Rechtsverhältniß gründet.

Erstern Falls muß der bei dem Strafgericht fungirende Beamte des öffentlichen Ministeriums denjenigen, dessen Rechte durch die Einrede zunächst berührt werden, von der Aussetzung benachrichtigen. Diesem bleibt überlassen, seine Rechte gegen den Angeklagten im Civilprozesse zu verfolgen und, wenn er obsiegt, hiervon Behufs Fortsetzung des Strafverfahrens dem Kriminalgericht Anzeige zu machen.

Gründet sich hingegen die Civileinrede auf ein anderes Rechtsverhältniß als das Eigenthum, so muß der Richter bei Aussetzung des Strafverfahrens dem Angeschuldigten eine Frist von höchstens zwei Monaten bestimmen, binnen welcher derselbe das Anerkenntniß des Eigenthümers oder den Nachweis der Einleitung einer Klage zur Ausführung der behaupteten Befugniß beizubringen hat. Wird dieser Nachweis nicht erbracht oder der Angeschuldigte im Civilprozesse demnächst abgewiesen, so wird das Strafverfahren fortgesetzt.

Zu §. 51.

Der Ausdruck „Holzdiebstahl" umfaßt hier auch den Diebstahl an andern Waldprodukten (§. 2). Grund der Bestimmung ist, daß die Glaubwürdigkeit der Forstbeamten nicht geschwächt werde.

aber noch nicht rechtskräftig erkannt ist, sind in dem bisherigen Verfahren zu erledigen.

§. 54. Alle dem gegenwärtigen Gesetze entgegenstehenden Bestimmungen sind aufgehoben. 92

Insbesondere treten außer Kraft das Gesetz vom 7. Juni 1821 wegen Untersuchung und Bestrafung des Holzdiebstahls, und die dasselbe ergänzenden und erläuternden Bestimmungen, sowie alle seitherigen allgemeinen und besondern Forstordnungen, soweit sie sich auf den Gegenstand des gegenwärtigen Gesetzes beziehen.

Wo in irgend einem Gesetze auf die bisherigen Bestimmungen über den Holzdiebstahl verwiesen wird, treten die Vorschriften des gegenwärtigen Gesetzes an deren Stelle.

Urkundlich rc. Gegeben Sanssouci, den 2. Juni 1852.

Friedrich Wilhelm.

---

2. Bestimmungen aus dem Strafgesetzbuche vom 14. April 1851.

a. Verbrechen und Vergehen.

Diebstahl.

§. 215. Einen Diebstahl begeht, wer eine fremde bewegliche Sache 93 einem Andern in der Absicht wegnimmt, dieselbe sich rechtswidrig anzueignen.

§. 216. Der Diebstahl und der Versuch des Diebstahls wird mit 94 Gefängniß nicht unter einem Monate und mit zeitiger Untersagung der Ausübung der bürgerlichen Ehrenrechte bestraft. Der Schuldige kann zugleich unter Polizei-Aufsicht gestellt werden.

Wird festgestellt, daß mildernde Umstände vorhanden sind, so kann die Strafe bis auf eine Woche Gefängniß ermäßigt werden.

§. 217. In folgenden Fällen soll die Gefängnißstrafe nicht unter 95 drei Monaten sein:

3) wenn geschlagenes Holz aus dem Walde oder von der Ablage, oder wenn Schwemm- oder Flößholz gestohlen wird.

Zu §§. 215. 216.

Bei Entwendung von Holz und andern Waldprodukten kommen die §§. 215. 216 nur soweit zur Anwendung, als die That nicht unter das mildere Holzdiebstahlsgesetz fällt. Einzelne derartige Fälle s. Anm. 7 u. 8 zu §. 1, Anm. 3 zu §. 2, §. 16 des Ges. vom 2. Juni 1852 (oben No. 39. 40. 54).

Zu §. 217 No. 3.

1) Unter geschlagenem Holze (im Gegensatz zu den im §. 1 des Holzdiebst.-Ges. bezeichneten Hölzern) ist dasjenige zu verstehen, was der Berechtigte durch seine Arbeit oder durch die Art der Behandlung und Aufbewahrung zu einem perzipirten Theile der Forstnutzung gemacht hat. Es gehört also dahin:

Wird festgestellt, daß mildernde Umstände vorhanden sind, so kann die Strafe bis auf vierzehn Tage Gefängniß ermäßigt werden.

Hehlerei.

96 §. 237. Wer Sachen, von denen er weiß, daß sie gestohlen, unterschlagen oder mittelst anderer Verbrechen oder Vergehen erlangt sind, verheimlicht, ankauft, zum Pfande nimmt oder sonst an sich bringt, oder zu deren Absatze bei Andern mitwirkt, es sei um seines eignen Vortheils willen oder nicht, ingleichen wer Personen, die sich eines Diebstahls, einer Unterschlagung oder eines ähnlichen Verbrechens oder Vergehens schuldig gemacht haben, in Beziehung auf das ihm bekannte Verbrechen oder Vergehen um seines eignen Vortheils willen begünstigt, ist mit Gefängniß nicht unter einem Monate und mit zeitiger Untersagung der Ausübung der bürgerlichen Ehrenrechte zu bestrafen; auch kann derselbe zugleich unter Polizei-Aufsicht gestellt werden.

---

a. dasjenige Holz, welches mit dem Willen des Berechtigten vom Stamme oder Boden getrennt ist, einschließlich der ausgerodeten Wurzelstöcke. Auf den Zweck der Trennung kommt es nicht an; daher gehören auch die Behufs Verpflanzung ausgenommenen Bäume hierher;

b. dasjenige Holz, welches ursprünglich durch Zufall oder im Frevel vom Stamme oder Boden getrennt worden, sobald nachträglich der Berechtigte mit der Zurichtung desselben begonnen oder es in anderer Weise äußerlich erkennbar in Besitz genommen hat;

c. die Abfälle (Spähne, Abraum und Borke), sobald der Berechtigte es durch Bearbeitung, Zurichtung oder Einsammlung und Aufstellung derselben äußerlich gekennzeichnet hat, daß er sie als bereits gewonnene Früchte der Forstnutzung ansehe.

2) Die einzelnen Theile des geschlagenen Holzes (Aeste, Rinde 2c.) haben die Natur des Ganzen. Entwendung derselben fällt daher unter §. 217 No. 3, mögen die Theile noch am geschlagenen Stamme befindlich oder von demselben schon als selbstständige Produkte der Forstnutzung getrennt sein, wie das zugerichtete Astholz, die zur Verwendung bei der Gerberei losgelöste Borke u s. w. Nur was zufällig getrennt und als Abfall zu betrachten ist, gehört bis zur Einsammlung 2c. nicht hierher (vergl. litt. c der vor. Anm.).

3) Gleichgültig ist es, ob das geschlagene Holz bez. die nutzbaren Theile desselben (Astholz, Borke 2c.) schon in Klafter aufgesetzt war, oder nicht. Ebensowenig kommt es darauf an, ob das Holz noch dem Waldeigenthümer gehört, oder bereits an einen Dritten verkauft ist.

Auch wird die Anwendbarkeit des §. dadurch nicht ausgeschlossen, daß der Dieb selbst im Auftrage des Eigenthümers die Fällung des Holzes bewirkt hatte.

4) Der §. 217 No. 3 greift nur dann Platz, wenn der Diebstahl aus dem Walde, nicht auch, wenn er von andern, hauptsächlich zur Holzkultur bestimmten Grundstücken geschieht. Wird geschlagenes Holz von solchen andern Grundstücken gestohlen, so sind die §§. 215. 216 Str.-Ges.-B. anwendbar. Dagegen ist es gleichgültig, ob das Holz noch in demselben Walde lagert, wo es gefällt ist; es muß sich nur überhaupt noch im Walde befinden.

5) Ueber den Begriff einer Ablage s. Anm. 13 zu §. 1 des Holzdiebst.-Ges. (oben No. 39).

6) Als Schwemm- oder Flößholz ist nur dasjenige zu betrachten, welches sich in dem zur Flößung 2c. dienenden Wasser befindet. Das außerhalb des Waldes auf dem Ufer liegende Holz gehört nur dann hierher, wenn die betreffende Stelle als Ablage anzusehen ist.

Wird festgestellt, daß mildernde Umstände vorhanden sind, so kann die Strafe bis auf eine Woche Gefängniß ermäßigt werden.

Betrug.

§. 243. Mit Gefängniß nicht unter drei Monaten und zugleich mit Geldbuße von funfzig bis zu eintausend Thalern, sowie mit zeitiger Untersagung der Ausübung der bürgerlichen Ehrenrechte wird bestraft: 97

7) wer Grenzsteine oder andere zur Bezeichnung einer Grenze oder des Wasserstandes bestimmte Merkmale zum Nachtheile eines Andern wegnimmt, vernichtet, unkenntlich macht, verrückt oder fälschlich setzt.

§. 245. In allen Fällen des Betrugs (§§. 241 bis 244) kann auf Stellung unter Polizei-Aufsicht erkannt werden. 98

Strafbarer Eigennutz.

§. 272. Wer Sachen, welche durch die zuständigen Behörden oder Beamten gepfändet oder in Beschlag genommen worden sind, vorsätzlich bei Seite schafft, verbringt oder zerstört oder in anderer Weise der Pfändung oder Beschlagnahme ganz oder theilweise entzieht, wird mit Gefängniß bis zu einem Jahre bestraft. 99

§. 273. Wer unberechtigt fischt oder krebst, soll mit Geldbuße bis zu funfzig Thalern oder mit Gefängniß bis zu drei Monaten bestraft werden. 100

Die polizeilichen Bestimmungen der besondern Fischerei-Ordnungen werden dadurch nicht berührt.

§. 274. Wer auf seinem eignen Grundstücke, auf dem die Jagd an einen Dritten verpachtet ist, oder auf dem ein Jäger für gemeinschaftliche Rechnung der bei einem Jagdbezirke betheiligten Grundbesitzer die Jagd zu beschießen hat, ohne Einwilligung des Jagdpächters oder der Gemeindebehörde jagt, oder wer auf fremden Grundstücken, ohne eine Berechtigung dazu zu haben, die Jagd ausübt, wird mit Geldbuße bis zu einhundert Thalern oder mit Gefängniß bis zu drei Monaten bestraft. 101

§. 275. Die Strafe kann bis zu sechs Monaten erhöht werden, wenn dem Wilde nicht mit Schießgewehr oder Hunden, sondern mit Schlingen, Netzen, Fallen oder andern Vorrichtungen nachgestellt, oder wenn das Vergehen während der gesetzlichen Schonzeit oder in Wäldern 102

Zu §. 243 No. 7.

Nur die absichtliche Wegnahme rc. von Grenzzeichen, zum Zwecke der Verdunkelung an sich rechtlich feststehender Grenzen, fällt unter diesen §.

Zu §§. 273—275.

Die Untersuchung und Entscheidung der in diesen §§. vorgesehenen Vergehen ist jetzt dem Einzelrichter überwiesen. Art. I §. 1 des Ges. vom 14. April 1856 (unten No. 255).

oder zur Nachtzeit oder gemeinschaftlich von zwei oder mehreren Personen begangen wird.

103 §. 276. **Wird das Vergehen (§§. 274 und 275) gewerbsmäßig betrieben, so tritt Gefängniß nicht unter drei Monaten, sowie zeitige Untersagung der Ausübung der bürgerlichen Ehrenrechte ein. Zugleich ist auf Stellung unter Polizei-Aufsicht zu erkennen.**

104 §. 277. **Das Gewehr, das Jagdgeräth und die Hunde, welche der Thäter bei dem unberechtigten Jagen bei sich geführt hat, ingleichen die im §. 275 erwähnten Schlingen, Netze, Fallen oder andern Vorrichtungen sind dem Fiskus im Strafurtheile zuzusprechen, ohne Unterschied, ob sie dem Angeschuldigten gehören oder nicht.**

Vermögensbeschädigung.

105 §. 281. **Wer vorsätzlich und rechtswidrig fremde Sachen beschädigt oder zerstört, wird mit Gefängniß bis zu zwei Jahren bestraft.**

Wird festgestellt, daß mildernde Umstände vorhanden sind, so ist auf Geldbuße bis zu funfzig Thalern zu erkennen.

106 §. 282. **Wer Gegenstände der Verehrung einer im Staate bestehenden Religions-Gesellschaft, oder Sachen, die dem Gottesdienste gewidmet sind, oder Grabmäler, öffentliche Denkmäler, Gegenstände der Kunst, der Wissenschaft oder des Gewerbes, welche in öffentlichen Sammlungen aufbewahrt werden oder öffentlich aufgestellt sind, oder Gegenstände, welche zum öffentlichen Nutzen oder zur Verschönerung öffentlicher Wege oder Anlage dienen, vorsätzlich zerstört oder beschädigt, wird mit Gefängniß nicht unter vierzehn Tagen bestraft. Auch kann auf zeitige Untersagung der Ausübung der bürgerlichen Ehrenrechte erkannt werden.**

107 §. 283. **Wer vorsätzlich ein Gebäude, ein Schiff, eine Brücke, einen Damm, eine gebaute Straße, eine Eisenbahn oder ein sonstiges**

Zu §. 277.

Aus der in diesem §. angedrohten Konfiskation ergiebt sich von selbst, daß ein Forstbeamter, welcher den Thäter bei oder im Zusammenhange mit der That betrifft, die im Besitze desselben vorfindlichen Werkzeuge zur Jagd in Beschlag zu nehmen hat.

Zu §. 281.

Der hauptsächlichste und gewöhnlichste Fall dieses §. ist der, daß die That aus Muthwillen oder Bosheit verübt wird, die Zerstörung oder Beschädigung also Endzweck der Handlung ist. Allein der §. trifft auch da zu, wo die Beschädigung nur das Mittel zur Erreichung eines andern — strafbaren oder nicht strafbaren Endzwecks ist.

Zu §. 282.

Unter die zum öffentlichen Nutzen dienenden Gegenstände werden beispielsweise Wegweiser, Barrieren, Prellsteine, Bäume 2c. an öffentlichen Wegen zu rechnen sein.

Ebenso ist der §. anwendbar auf Bäume und Sträucher, die an einem öffentlichen Wege bloß zur Zierde dienen.

Bauwerk, welche fremdes Eigenthum sind, ganz oder theilweise zerstört, soll mit Gefängniß nicht unter zwei Monaten bestraft werden.

§. 284. Wenn sich mehrere Personen zusammenrotten und be- 108
wegliche oder unbewegliche Sachen eines Andern plündern, verwüsten oder zerstören, so werden dieselben mit Zuchthaus bis zu funfzehn Jahren bestraft; zugleich kann auf Stellung unter Polizei-Aufsicht erkannt werden.

Brandstiftung.

§. 285. Wegen Brandstiftung wird mit zehnjähriger bis lebens- 109
länglicher Zuchthausstrafe, und wenn durch den Brand ein Mensch das Leben verloren hat, mit dem Tode bestraft:

1) wer vorsätzlich ein Gebäude, ein Schiff oder eine Hütte, welche zur Wohnung von Menschen dienen, oder ein zum Gottesdienste bestimmtes Gebäude in Brand setzt;
2) wer vorsätzlich ein Gebäude, ein Schiff oder eine Hütte, welche zeitweise zum Aufenthalt von Menschen dienen, zu einer Zeit in Brand setzt, in welcher darin Menschen sich aufzuhalten pflegen;
3) wer vorsätzlich Eisenbahnwagen, Bergwerke oder andere zum Aufenthalt von Menschen zeitweise dienende Räumlichkeiten zu einer Zeit in Brand setzt, zu welcher sich Menschen darin aufzuhalten pflegen.

In allen diesen Fällen macht es keinen Unterschied, ob die in Brand gesetzten Gegenstände im Eigenthum des Thäters sind oder nicht.

§. 286. Wer vorsätzlich Schiffe, Gebäude, Hütten, Bergwerke, 110
Magazine, Vorräthe von landwirthschaftlichen Erzeugnissen, Bau- oder Brennmaterialien, Früchte auf dem Felde, Waldungen oder Torfmoore, welche fremdes Eigenthum sind, in Brand steckt, wird mit Zuchthaus bis zu zehn Jahren bestraft.

§. 287. Wer vorsätzlich eigne oder fremde Sachen, welche ver- 111
möge ihrer Beschaffenheit und Lage geeignet sind, den in den §§. 285

Zu §§. 285—287.
Vorsätzliches Anzünden fremder Sachen, welche nicht unter die in den §§. 285 bis 287 aufgeführten Gegenstände gehören, ist nur als eine Art der Vermögensbeschädigung nach §§. 281 ff. zu bestrafen.

Zu §. 286.
Der Ausdruck „Waldungen" umfaßt hier auch kleinere Gehölze.

Zu §. 287.
Zum Thatbestande des §. 287 ist es nicht erforderlich, daß die in den §§. 285 und 286 gedachten Gegenstände wirklich in Brand gerathen sind, oder daß auch nur die Absicht des Thäters hierauf gerichtet gewesen wäre. Es genügt vielmehr das Bewußtsein des Thäters, daß die von ihm angezündeten Sachen geeignet seien, jenen Gegenständen das Feuer mitzutheilen.

und 286 genannten Gegenständen das Feuer mitzutheilen, in Brand setzt, soll ebenso bestraft werden, wie derjenige, welcher jene Gegenstände unmittelbar in Brand setzt.

112 §. 288. Wer durch Fahrlässigkeit einen Brand der in den §§. 285 bis 287 erwähnten Art verursacht, wird mit Gefängniß bis zu sechs Monaten, und wenn durch den Brand ein Mensch das Leben verloren hat, mit Gefängniß von zwei Monaten bis zu zwei Jahren bestraft.

b. Uebertretungen.

113 §. 347. Mit Geldbuße bis zu zwanzig Thalern oder mit Gefängniß bis zu vierzehn Tagen wird bestraft:

7) wer an gefährlichen Stellen in Wäldern oder Haiden, oder in gefährlicher Nähe von Gebäuden oder feuerfangenden Sachen Feuer anzündet;

8) wer in gefährlicher Nähe von Gebäuden oder feuerfangenden Sachen mit Feuergewehr schießt oder Feuerwerke abbrennt;

9) wer die polizeilich vorgeschriebenen Feuerlöschgeräthschaften entweder gar nicht oder nicht in brauchbarem Zustande hält, oder andere feuerpolizeiliche Anordnungen nicht befolgt;

10) wer unbefugt über Gärten oder Weinberge, oder vor völlig beendeter Erndte über Wiesen oder bestellte Aecker, oder über solche Aecker, Wiesen, Weiden oder Schonungen, welche mit einer Einfriedigung versehen sind oder deren Betreten durch Warnungszeichen untersagt ist, oder auf einem durch Warnungszeichen geschlossenen Privatwege geht, fährt, reitet oder Vieh treibt. Die besondern Bestimmungen, welche wegen der Pfändungen bei solchen Uebertretungen, sowie über Weidefrevel in den Feldpolizei-Ordnungen enthalten sind, werden hierdurch nicht geändert;

11) wer ohne Genehmigung des Jagdberechtigten auf einem fremden Jagdreviere außer dem öffentlichen, zum gemeinen Gebrauche bestimmten Wege zwar nicht jagend, aber mit Schießgewehr, Windhunden oder zum Einfangen des Wildes gebräuchlichen Werkzeugen betroffen wird;

12) wer Eier oder Junge von jagdbarem Federwild ausnimmt.

114 §. 349. Mit Geldbuße bis zu funfzig Thalern oder Gefängniß bis zu sechs Wochen wird bestraft:

Läßt sich dieses Bewußtsein nach den Umständen nicht annehmen, so wird das Anzünden von Feuer in gefährlicher Nähe von Gebäuden, Wäldern ꝛc. nur nach §. 347 No. 7 Str.-Ges.-B., oder, wenn dadurch Gegenstände der in den §§. 285 und 286 gedachten Art wirklich in Brand gerathen sind, als fahrlässige Inbrandsetzung dieser Gegenstände nach §. 288 zu bestrafen sein.

1) wer unbefugt ein fremdes Grundstück, oder einen öffentlichen oder Privatweg oder Grenzraine durch Abgraben oder Abpflügen verringert;

2) wer unbefugt von öffentlichen oder Privatwegen Erde, Steine oder Rasen, oder aus Grundstücken, welche einem Andern zugehören, Erde, Lehm, Sand, Grand oder Mergel gräbt, Plaggen oder Bülten haut, Rasen, Steine, Mineralien, zu deren Gewinnung es einer Verleihung, einer Konzession oder einer Erlaubniß der Behörde nicht bedarf, oder ähnliche Mineralien wegnimmt.

---

3. Forstpolizeiliche Bestimmungen.

a. Die alten Provinzial-Forstordnungen und die von den Bezirks-Regierungen erlassenen forstpolizeilichen Verordnungen.

Außer den durch die vorstehenden Gesetze mit Strafe bedrohten 115
Handlungen sind im Interesse der Forstverwaltung noch manche andere Punkte einer polizeilichen Regelung bedürftig. Dahin gehören insbesondere die Hütung in den Forsten, theils die Bestrafung des an sich unbefugten Hütens, theils die nähere Bestimmung und Begrenzung der Ausübung einer vorhandenen Hütungsbefugniß; ferner die Art und Weise der Ausübung der verschiedenen Servituten auf Entnahme von Holz, Gras, Waldstreu, Harz und andern Waldprodukten in Beziehung auf Zeit, Ort, Legitimation, Anmeldung oder Anweisung, Instrumente, Transportmittel, Menge u. dergl.; das Gehen, Fahren, Viehtreiben durch die Forsten; die Benutzung und Erhaltung der vorhandenen Wege; der Schutz der angelegten Schonungen, Gräben, Brücken, Umzäunungen, der eingesetzten Pfähle, Tafeln, Wische, Grenzzeichen u. s. w.; die Verhütung von Feuerschäden durch Tabakrauchen oder sonstige feuergefährliche Handlungen; das Einsammeln von Waldfrüchten oder andern nicht schon unter das Holzdiebstahlsgesetz vom 2. Juni 1852 fallenden Produkten; die Legitimation beim Transport, Einbringen und Verkauf von Holz u. s. w. u. s. w.

Ein allgemeines Forstpolizei-Gesetz, welches über alle diese Punkte gleichmäßige Bestimmungen träfe, ist noch nicht vorhanden. Nur die Partikular-Gesetzgebung ist bisher auf diesem Felde thätig gewesen.

Das erste Produkt dieser Gesetzgebung waren die alten Forst- und 116
Jagdordnungen, welche namentlich im Laufe des vorigen Jahrhunderts für die meisten Provinzen oder sonstigen Distrikte ergangen sind. Dahin gehören z. B.

die Forstordnung für Ostpreußen und Litthauen vom 3. Dezember 1775, die Forst- und Jagdordnung für Westpreußen und den Netzedistrikt vom 8. Oktober 1805,

die Forstordnung für Pommern vom 24. Dezember 1777,

die Schlesische Holz-, Mast- und Jagdordnung vom 19. April 1756,

die Holz-, Mast- und Jagdordnung für die Mark Brandenburg vom 20. Mai 1720,

die Holz-, Mast- und Jagdordnung für das Herzogthum Magdeburg und das Fürstenthum Halberstadt vom 3. Oktober 1743,

die Rheinische Forstordnung vom 13. August 1669 und das Rheinische Forstgesetz vom 15. bis 29. September 1791,

die Bergische Jagd- und Forstsatzung vom 8. Mai 1761,

die Kreuznacher Forstordnung vom 30. Juli 1814

und andere.

117 Diese alten Gesetze sind noch heute soweit gültig, als ihr Inhalt nicht durch neuere Gesetze ausdrücklich aufgehoben oder stillschweigend dadurch beseitigt ist, daß über die betreffenden Materien anderweite Bestimmungen getroffen sind. Dies ist aber in sehr ausgedehntem Maße geschehen, insbesondere sind die alten Satzungen, soweit sie den Diebstahl an Holz und andern Waldprodukten zum Gegenstande hatten, durch §. 54 des Holzdiebstahlsgesetzes vom 2. Juni 1852 (oben No. 92) gänzlich außer Wirksamkeit gesetzt. Mit Rücksicht auf die veränderten thatsächlichen Verhältnisse ist außerdem ein großer Theil der frühern Bestimmungen gegenstandslos geworden, während sich nach andern Richtungen hin im Laufe der Zeit Mängel und Lücken zeigten, die eine Ergänzung im Wege der Legislatur nothwendig machten. So entstand eine Rechtsunsicherheit und Verworrenheit des Materials, die für den prompten, energischen Forstschutz naturgemäß sehr hinderlich werden mußte.

118 Um diesem Uebelstande abzuhelfen, haben in neuerer Zeit die meisten Bezirks-Regierungen auf Grund des Gesetzes vom 11. März 1850 (oben No. 3) für den Umfang ihrer Verwaltungsbezirke umfassende neue Forstpolizei-Verordnungen erlassen, in welchen sie theils das noch gültige frühere Material zusammengestellt, theils neue, den lokalen Verhältnissen entsprechende Bestimmungen hinzugefügt und in dieser Weise übersichtliche Kodifikationen des gesammten gegenwärtig geltenden Forstpolizei-Rechts geschaffen haben.

Derartige Verordnungen sind beispielsweise ergangen:

Seitens der Königl. Regierung zu Frankfurt a. d. Oder unterm 25. Oktober 1851 (Amtsbl. pro 1851 No. 46),

Seitens der Königl. Regierung zu Stralsund unterm 19. September 1865 (Beilage zu No. 39 des Amtsbl. pro 1865 S. 349),

Seitens der Königl. Regierung zu Oppeln unterm 15. November 1853 (extraordinäre Beilage zu No. 51 des Amtsbl. pro 1853),

Seitens der Königl. Regierung zu Breslau unterm 26. Oktober 1853,

Seitens der Königl. Regierung zu Liegnitz ebenfalls im Jahre 1853,

Seitens der Königl. Regierung zu Merseburg unterm 19. Februar 1853 (Amtsbl. pro 1853 S. 81),

Seitens der Königl. Regierung zu Magdeburg unterm 23. März 1854 (Amtsbl. pro 1854, außerordentliche Beilage zu No. 13)

und andere mehr.

Alle diese einzelnen Erlasse ihrem Inhalte nach hier aufzunehmen, 119
würde über die Grenzen des vorliegenden Werkchens hinausgehen. Jeder derselben ist seiner Gültigkeit nach auf den Verwaltungsbezirk der betreffenden Regierung eingeschränkt und für die Beamten und Insassen aller übrigen Regierungsbezirke ohne praktisches Interesse. In einer Sammlung, die für weitere Kreise bestimmt ist, würden mithin solche Provinzial-Verordnungen eine ganz zweckwidrige Anhäufung von Material bilden, die um so überflüssiger erscheint, weil jedem Beamten die für seinen speziellen Regierungsbezirk geltenden Vorschriften an Ort und Stelle in den betreffenden Amtsblättern leicht zugänglich sind. Hierzu kommt überdies, daß die in Rede stehenden Polizei-Verordnungen auch nicht diejenige Stabilität besitzen, die für die Aufnahme in ein abgeschlossenes Sammelwerk erforderlich ist. Bei dem schnellen Wechsel der lokalen Verhältnisse liegt es in der Natur der Sache, daß auch die bestehenden Rechtsvorschriften häufigen Veränderungen und Zusätzen, wie sie das augenblickliche Bedürfniß erheischt, unterworfen sind. Eben diese Beweglichkeit des Stoffes aber muß jeden Versuch einer dauernden Fixirung desselben nicht allein sehr schwierig, sondern auch zu einem Unternehmen von sehr problematischem Werthe machen, um so mehr, als endlich doch wohl einmal das Zustandekommen eines allgemeinen, alle die lokalen Verordnungen aufhebenden Forstpolizei-Gesetzes zu erwarten ist. Bis dahin muß es hier bei dieser Hinweisung auf die Amtsblätter der einzelnen Regierungen bewenden.

Zum Schlusse sei nur noch bemerkt, daß auch in forstpolizeilicher 120
Hinsicht nur solche Handlungen oder Unterlassungen einer Ahndung unterliegen, die durch Gesetze oder gesetzlich erlassene Verordnungen der Behörden mit Strafe bedroht sind (§. 332 Str.-Ges.-B., oben No. 31), und daß ferner die allgemeinen Vorschriften, die in den §§. 333 bis 339 Str.-Ges.-B. (oben No. 32 bis 38) über Strafen, Versuch, Rückfall, Konkurrenz und Verjährung bei Uebertretungen enthalten sind, auch hier Platz greifen. Hinsichtlich der subsidiären Gefängnißstrafe vergl. jedoch §. 18 des Ges. vom 11. März 1850 (oben unter No. 3).

b. Einzelne forstpolizeiliche Gesetze von allgemeinerer Geltung.

α. Vorläufige Verordnung über die Ausübung der Waldstreu-Berechtigung. Vom 5. März 1843 (Ges.-S. S. 105).

Wir Friedrich Wilhelm ꝛc. finden Uns bewogen, zur Verhütung der Nachtheile, welche eine ungeregelte Ausübung der Waldstreuberechtigung auf die Holzkultur ausübt, und um sowohl den Waldbesitzern die angemessene Bewirthschaftung ihrer Waldungen, als auch den Servitutberechtigten selbst die nachhaltige Ausübung dieser Berechtigung zu sichern, für die Provinzen Preußen, Brandenburg, Pommern, Schlesien, Posen und Sachsen, vorläufig bis zur Publikation einer neuen allgemeinen Forst- und Jagdpolizei-Ordnung, nach Anhörung Unserer getreuen Stände und auf den Antrag Unseres Staatsministeriums, zu verordnen, wie folgt:

121 §. 1. Die Waldstreuberechtigung besteht in der Befugniß, abgefallenes Laub und Nadeln, sowie dürres Moos zum Unterstreuen unter das Vieh, Behufs der Bereitung des Düngers, in dem Walde eines Andern einzusammeln.

122 §. 2. Wo der Umfang und die Art der Ausübung dieser Berechtigung durch Verleihung, Vertrag, richterliche Entscheidung oder bereits vollendete Verjährung bestimmt festgestellt worden ist, behält es hierbei sein Bewenden. In Ermangelung solcher auf besondern Rechtstiteln beruhenden Verhältnisse dienen die nachstehenden Vorschriften lediglich zur Richtschnur

123 §. 3. Die Berechtigten müssen sich, wenn sie die Waldstreunutzung in der nächsten Periode (§. 4 litt. b) ausüben wollen, spätestens bis zum 15. August eines jeden Jahres bei dem Waldbesitzer oder dessen verwaltenden Beamten melden, worauf ihnen ein kostenfrei ausgefertigter Zettel zu ihrer Legitimation ertheilt wird. Dieser Zettel ist nur für den Zeitraum, für das Revier und für die Person gültig, auf welche derselbe lautet.

Die Streuberechtigten oder die von ihnen mit Einsammlung der Waldstreu beauftragten Leute müssen diese Zettel, wenn sie Streu im Walde einsammeln, bei Vermeidung einer für jeden einzelnen Kontraventionsfall an den Waldeigenthümer zu erlegenden Strafe von fünf bis zehn Silbergroschen, stets bei sich führen, und beim Ablauf der zur Streusammlung bestimmten Zeit, bei gleicher Strafe, wieder abliefern.

124 §. 4. Die Berechtigung darf nur:

a) in den vom Waldeigenthümer nach Maßgabe einer zweckmäßigen Bewirthschaftung des Forstes geöffneten Distrikten,

b) in den sechs Wintermonaten vom 1. Oktober bis zum 1. April,

c) an bestimmten vom Waldeigenthümer mit Rücksicht auf die bisherige Observanz festzusetzenden, jedoch auf höchstens zwei Tage in der Woche zu beschränkenden und von den Raff- und Leseholztagen verschiedenen Wochentagen

ausgeübt werden. Besteht aber nach dem Herkommen der Gebrauch, daß die Einsammlung der Streu gleich beim Beginn des Oktobers an mehreren nach einander folgenden Tagen von allen Berechtigten gleichzeitig unter Aufsicht des Waldeigenthümers geschieht, und hiermit das Einsammeln für das ganze Jahr geschlossen ist, so behält es hierbei sein Bewenden.

Die Berechtigung darf auch nur

d) mit den in den Zetteln bezeichneten, nach der bisherigen Observanz zu bestimmenden Transportmitteln, und

e) nicht mit eisernen, sondern nur mit hölzernen, unbeschlagenen Rechen oder Harken, deren Zinken ebenfalls nur von Holz sein dürfen und mindestens 2½ Zoll von einander abstehen müssen,

ausgeübt werden.

§. 5. Entstehen über die Frage: 125

welche Distrikte zum Streusammeln zu öffnen sind,

zwischen dem Waldeigenthümer und den Berechtigten Streitigkeiten, so werden solche von dem Kreislandrath unter Zuziehung eines von diesem zu wählenden, hierbei unbetheiligten Forstbeamten und eines Oekonomieverständigen, unter Vorbehalt des Rekurses an das Plenum der vorgesetzten Regierung, entschieden. Ueber Streitigkeiten in Betreff der Transportmittel, sowie über die mit Berücksichtigung der bisherigen Observanz zum Streuholen zu bestimmende Zahl der Tage (§. 4 litt. c) findet dagegen das ordentliche Rechtsverfahren statt.

§. 6. Die Waldstreu kann zwar vorübergehend auch zu andern 126
wirthschaftlichen Zwecken (§. 1), z. B. zur Versetzung der Wände der Wohngebäude, zur Bedeckung der Kartoffelgruben u. s. w. benutzt, darf aber in ihrer Endbestimmung nur zum Unterstreuen unter das Vieh verbraucht, auch weder verkauft, noch sonst an Andere überlassen werden.

§. 7. Wer die Waldstreuberechtigung 127

a) in andern als den dazu geöffneten Distrikten (§. 4 litt. a),
b) nach dem Schluß der Streulingsperiode (§. 4 litt. b),
c) an andern als den im Zettel bestimmten Tagen (§. 4 litt. c)

ausübt, soll bestraft werden,

mit einer Geldbuße von zehn Silbergroschen, wenn die Streu getragen oder auf Radwern (Schiebkarren) geholt wird,

mit einer Geldbuße von einem Thaler, wenn die Streu mit einer ein- oder zweispännigen Fuhre, und

mit einer Geldbuße von zwei Thalern, wenn die Streu mit einer
drei- oder vierspännigen Fuhre
geholt wird.

Der Gebrauch der in §. 4 litt. e verbotenen Harken wird, neben Konfiskation derselben, mit einer Strafe von einem Thaler, und die Ausübung der Berechtigung mit größeren, als den im Zettel bezeichneten Transportmitteln mit einer gleich hohen Strafe geahndet.

Werden diese Kontraventionen bei Nacht, d. h. in der Zeit von einer Stunde nach Sonnenuntergang bis einer Stunde vor Sonnenaufgang, oder an Sonn- und Festtagen verübt, so tritt der doppelte Betrag dieser Strafe ein.

Der Verbrauch der Waldstreu zu andern Zwecken, als zum Unterstreuen unter das Vieh (§. 6), wird mit einer Strafe von zwei Thalern, und der Verkauf oder die sonstige Ueberlassung der Waldstreu an Andere,

für eine Karre oder Traglast mit einem Thaler,
für eine ein- oder zweispännige Fuhre mit zwei Thalern,
für eine drei- oder vierspännige Fuhre mit vier Thalern,

neben dem Verluste der Berechtigung auf ein Jahr geahndet.

In Wiederholungsfällen nach vorgängiger rechtskräftiger Verurtheilung zahlt der Kontravenient die doppelte Geldstrafe, außerdem verliert er, wenn er nach zweimaliger Verurtheilung wegen Streuveräußerung sich dieses Vergehens von Neuem schuldig macht, die Waldstreuberechtigung auf die ganze Dauer seiner Besitzzeit.

Die Geldstrafen fallen dem Waldeigenthümer anheim.

128 §. 8. Bei Betretung des Frevlers auf einer der in den §§. 3 und 4 bezeichneten Kontraventionen tritt Pfändung ein, und der Waldeigenthümer ist das abgenommene Pfand nur gegen Erlegung der auf die Kontravention gesetzten Strafe auszuantworten verpflichtet.

129 §. 9. Wer die erkannten Geldstrafen zu zahlen unvermögend ist, hat an deren Stelle Gefängnißstrafe, oder nach der Wahl des Waldeigenthümers Forst- oder andere Strafarbeit, nach Maßgabe der wegen der Holzdiebstähle bestehenden Bestimmungen, zu gewärtigen.

130 §. 10. Die Untersuchung der Kontraventionen gegen diese Verordnung und die Festsetzung der darin angedrohten Strafen erfolgt

---

Zu §. 10.
Besondere Gerichte zur Untersuchung und Bestrafung der Holzdiebstähle giebt es nicht mehr. Die Kompetenz ist auf die Einzelrichter bei den ordentlichen Gerichten übergegangen. Doch gilt der §. 10 noch insofern, als er für Waldstreu-Kontraventionen das Verfahren in Holzdiebstahls-Sachen vorschreibt. Uebrigens ist die Waldstreuberechtigung fast überall abgelöst und damit die Verordnung vom 5. März 1843 gegenstandslos geworden.

durch die zur Untersuchung und Bestrafung der Holzdiebstähle bestellten Forstgerichte nach dem für dieselbe vorgeschriebenen Verfahren. Bei Kontraventionen gegen das Verbot des Verkaufs der Waldstreu aber (§§. 6 und 7) bleibt die Entscheidung den ordentlichen Gerichten vorbehalten.

§. 11. Bei der Untersuchung der gegen diese Verordnung ver- 131
übten Kontraventionen wird den Angaben der lebenslänglich oder doch mit dem Anspruche auf lebenslängliche Versorgung angestellten, nach Vorschrift des §. 20 des Gesetzes vom 7. Juni 1821 vereidigten, auch von dem Bezuge aller Denunzianten- und Strafantheile ausgeschlossenen Forst- und Jagdbeamten, welche den Angeschuldigten auf Grund eigner Wahrnehmung bezüchtigen, volle Beweiskraft beigelegt, sofern nicht der Angeschuldigte durch Gegenbeweis seine Unschuld auszuführen oder die gegen ihn angebrachten Beweise zu entkräftigen vermag. Es sind aber, wenn der Forstbeamte die verübten Kontraventionen nicht selbst ermittelt und die Thäter dabei betroffen hat, auch andere Beweismittel zur Ueberführung der Kontravenienten zulässig.

§. 12. Jeder Forstbeamte, dessen Angaben der Waldeigenthümer 132
die volle Glaubwürdigkeit nach Vorschrift des §. 11 beigelegt sehen will, muß bei dem Gericht eidlich dahin verpflichtet werden:

daß er die Forstkontraventionen, welche in dem Revier, in welchem er angestellt ist, zu seiner Kenntniß kommen, mit aller Wahrheit und Gewissenhaftigkeit anzeigen, und was er über die Thatumstände des Vergehens und über dessen Urheber und Theilnehmer aus eigner Ansicht wahrgenommen oder durch fremde Mittheilung erfahren habe, mit genauer Unterscheidung angeben wolle.

Eine Ausfertigung dieses Verpflichtungs-Protokolls wird bei dem Forstgericht (§. 10) niedergelegt, und im Falle der Versetzung des Beamten nach einem andern Bezirke, dem daselbst kompetenten Forstgericht kostenfrei übermacht. Ist der Beamte schon auf das Gesetz wegen Untersuchung der Holzdiebstähle vereidigt, so ist er durch das kompetente Gericht nur auf die obige Eidesnorm zu verweisen.

Urkundlich 2c. Gegeben Berlin, den 5. März 1843.

Friedrich Wilhelm.

---

b. Verordnung, betreffend die Kontrole der Hölzer, welche unverarbeitet transportirt werden. Vom 30. Juni 1839 (Ges.-S. S. 223).

Wir Friedrich Wilhelm 2c. verordnen hierdurch, auf den Antrag Unseres Staats-Ministerii, zur Vorbeugung des in manchen Gegenden der Provinzen Sachsen, Westphalen und der Rheinprovinz überhand nehmenden Holzdiebstahls, und bis zur künftigen Publikation einer allgemeinen Forst- und Jagdpolizei-Ordnung, wie folgt:

133 §. 1. Wer Brennholz oder unverarbeitetes Bau- oder Nutzholz in eine Stadt oder ein Dorf einbringt, oder sonst verfährt, muß mit einer schriftlichen glaubhaften Bescheinigung der Polizeibehörde seines Wohnorts oder des Eigenthümers oder Aufsehers desjenigen Waldes, aus welchem, seiner Angabe nach, das Holz gebracht wird, versehen sein, und solche auf Erfordern den Forstbeamten, Gensdarmen, Polizei- und Steuerbeamten vorzeigen, widrigenfalls das Holz in Beschlag genommen und konfiszirt werden soll.

134 §. 2. Auch Holzberechtigte müssen, bei Vermeidung gleicher Folgen (§. 1), wenn sie das von ihnen aus der verpflichteten Forst geholte Holz wegschaffen, mit einer Bescheinigung ihres Holzungsrechts versehen sein, in welcher die Holz-Sortimente, worauf die Berechtigung lautet, und die Tage, an welchen die Berechtigung, und die Transportmittel, mit welchen sie ausgeübt werden darf, ausgedrückt sein müssen. Befindet sich unter dem Holze noch anderes Holz, als worauf die Bescheinigung lautet, oder transportiren sie solches an andern als den zur Ausübung bestimmten Tagen, oder mit größern als den bestimmten Transportmitteln, ohne den rechtmäßigen Erwerb dieses Holzes, besonders auf die §. 1 bemerkte Art nachweisen zu können, so ist dasselbe gleichergestalt der Konfiskation unterworfen.

135 §. 3. Wird bei der nähern polizeilichen Untersuchung ermittelt, daß das in Beschlag genommene Holz gestohlen worden ist, so tritt noch, außer der Konfiskation, gegen den Angehaltenen gerichtliche Untersuchung und, nach Bewandtniß der Umstände, entweder die gesetzliche Strafe des Holzdiebstahls, mindestens aber eine dem Taxwerthe des konfiszirten Holzes gleichkommende Geldbuße, oder verhältnißmäßige Gefängnißstrafe ein.

136 §. 4. Diese Verordnung soll nicht im ganzen Bereich der Provinzen Sachsen, Westphalen und der Rheinprovinz, sondern nur in denjenigen Gegenden und Kreisen derselben in Kraft treten, wo der Holzdiebstahl überhand genommen hat.

Wir ermächtigen Unser Staats-Ministerium, diese Verordnung überall da in Anwendung bringen zu lassen, wo die Ueberhandnahme des Holzdiebstahls das Bedürfniß der dagegen erlassenen Bestimmungen zum Schutz der Waldungen hervorruft.

Urkundlich ꝛc. Berlin, den 30. Juni 1839.

Friedrich Wilhelm.

c. Umfang und Ausübung der Hütungs- und Holzungsgerechtigkeiten nach Tit. 22 Th. I Allg. Land-Rechts.*)

Hütungsgerechtigkeiten.

§. 80. Wer das Recht hat, sein Vieh auf den Grundstücken eines 137
andern Gutes zu hüten, muß sich desselben so bedienen, daß der Eigenthümer dadurch an der Substanz der Sache keinen Schaden leide, und an der nach Landesart gewöhnlichen Kultur und Benutzung nicht gehindert werde.

§. 82. Der Hütungsberechtigte kann den Eigenthümer eines mit 138
der Hütung belasteten Waldes nicht hindern, den Wald soweit zu bebauen, als es zur Veranstaltung der erforderlichen Forstaufsicht nöthig ist.

§. 83. Der Berechtigte ist schuldig, sein Vieh nur unter Aufsicht 139
eines Hirten auf die Weide zu bringen; oder sonst hinreichende Anstalten zur Verhütung aller durch dasselbe zu verursachenden Beschädigungen zu treffen.

§. 84. Auch wenn das Vieh in kleinerer Anzahl nach einzelnen 140
Hütungsflecken ausgetrieben wird, muß diese Pflicht von den Hütungsberechtigten beobachtet werden.

§. 85. Vernachlässigt der Berechtigte diese Obliegenheit, so haftet 141
er für allen und jeden durch das Vieh, auch bloß zufällig, angerichteten Schaden.

Zusatz. Kultur-Edikt vom 14. September 1811 (Ges.-S. S. 308).

§. 33. Es soll mit Strenge und Nachdruck auf Respekti- 142
rung der Schonungen gehalten und alles entfernt werden, wodurch sie verletzt werden können.

Wir verordnen deshalb die genaue Befolgung der polizeilichen Vorschriften:

a) daß da, wo ganze Kommunen das Weiderecht haben, nicht einzelne Mitglieder ihr Vieh in den Forst schicken dürfen, sondern solches von gemeinschaftlichen Hirten eingetrieben und gehütet werden muß;

---

*) Die Bestimmungen dieses Titels sind zwar vorwiegend privatrechtlicher Natur; sie stehen aber mit den Forstpolizei-Vorschriften im engsten Zusammenhange, insofern sie die Grenzen angeben, deren Ueberschreitung eben forstpolizeilich mit Strafe bedroht ist, theilweise auch, wie namentlich die §§. 219 ff., selbst polizeiliche Vorschriften enthalten.

Uebrigens ist dabei zu bemerken, daß das Allg. Landrecht in der Rheinprovinz, in Neuvorpommern mit Rügen und in Hohenzollern nicht gilt.

Für Westpreußen verweist der §. 14 des Westpreuß. Provinzial-Rechts in Ansehung der Ausübung des Hütungsrechts in Schonungen, sowie des Holzungs- und Mastungsrechts auf die Bestimmungen der Forstordnung für Westpreußen vom 8. Oktober 1805.

b) daß noch viel weniger das Vieh einzeln ohne Hirten in die Wälder gejagt werden darf;

c) daß es da, wo es über Nacht bleibt, in Buchten oder eingehegte Koppeln getrieben werden muß.

143 §. 90. Ist die Anzahl des vorzutreibenden Viehs nicht bestimmt, so mag der Berechtigte so viele Stücke, als er mit dem von den berechtigten Grundstücken gewonnenen Futter durchwintern kann, auf die Hütung bringen.

144 §. 91. Ein solcher Hütungsberechtigter darf sich also der Weide so wenig für fremdes, als selbst für solches eignes Vieh, welches er etwa von andern eigenthümlichen oder gepachteten Grundstücken durchwintern könnte, bedienen.

145 §. 92. Hat jedoch eine ganze Gemeine das Hütungsrecht, so muß der Besitzer des belasteten Grundstücks auch solches Vieh einzelner Mitglieder zulassen, welches von gepachteten Grundstücken der zur berechtigten Gemeine gehörigen Feldflur durchgewintert wird.

146 §. 93. Ist der Berechtigte ein nicht mit eignem Ackerbaue versehenes Mitglied der Gemeine, so darf er nur so viel Vieh auf die Hütung bringen, als Leuten aus seiner Klasse, an demselben Orte, zu halten gewöhnlich erlaubt wird.

147 §. 98. Auch wenn die Anzahl des Viehes, welches der Berechtigte vortreiben darf, bestimmt ist, kann dennoch das von diesem gefallene junge Vieh, so lange es saugt, von der Hütung nicht ausgeschlossen werden.

148 §. 99. Steht dem berechtigten Gute die Hütungsgerechtigkeit ohne Bestimmung einer gewissen Art des Viehes zu, so begreift sie alles Zug-, Rind- und Schaafvieh unter sich.

149 §. 100. Schweine, und andere Arten von Vieh, dürfen auf eine solche Hütung nur insofern gebracht werden, als die Einräumung des Rechts sich darauf ausdrücklich mit erstreckt, oder dieselben seit rechtsverjährter Zeit darauf mit vorgetrieben werden.

150 §. 101. Ist dem Berechtigten die Hütung nur für eine gewisse Art von Vieh eingeräumt, so darf er Vieh von anderer Art nur insofern auf dieselbe bringen, als er durch Zufall, oder höhere Gewalt, diese Art von Vieh an der Stelle des andern zu halten, auf eine Zeitlang genöthigt worden.

151 §. 102. War auch die Zahl des vorzutreibenden Viehes bestimmt, so muß die Zahl der neuen Art nach wirthschaftlichen Grundsätzen mit derselben im Verhältniß stehen; dergestalt, daß das verpflichtete Grundstück nicht mehr als vorhin belästigt werde.

152 §. 130. Ziegen darf der Hütungsberechtigte auf solche Plätze

nicht bringen, wo Beschädigung am Holze, an Bäumen oder Hecken zu besorgen ist.

§. 131. Hat aber der Eigenthümer des belasteten Grundstücks neue Anlagen dieser Art gemacht, so liegt ihm ob, dieselben gegen besorgliche Beschädigungen zu decken. 153

§. 132. Uebrigens kann der bloß zur Hütung Berechtigte weder auf Rohr- oder Schilfnutzung Anspruch machen, noch sich das Mähen auf dem Hütungsreviere auf irgend eine Art anmaßen. 154

§. 170. Wenn ein Wald in Schläge oder Haue ordentlich eingetheilt ist, und solchergestalt forstmäßig beholzt wird, so müssen die jungen Haue mit der Hütung so lange geschont werden, bis für das Holz keine Beschädigung mehr von dem Viehe zu besorgen ist. 155

§. 171. Auch einen bisher unordentlich und unwirthschaftlich beholzten Wald kann der Eigenthümer in Schläge eintheilen und von den Hütungsberechtigten verlangen, daß sie dieselben so weit schonen, als es zur Konservation des Waldes nothwendig ist. 156

§. 179. Die angelegten Schonungen müssen von dem Eigenthümer durch Gruben, Zäune oder auf andere Art, gehörig befriedet, oder doch die Grenzen derselben so kennbar bezeichnet und verwischt werden, daß die Hütungsberechtigten diese Grenzen, ohne eigenes mäßiges Versehen, nicht überschreiten können. 157

§. 180. Ist dieses geschehen, so ist der Eigenthümer das in solche Schonungen übertretende Vieh zu pfänden berechtigt. 158

§. 181. Das bei solchen Pfändungen zu entrichtende höhere Pfandgeld ist in den Provinzialgesetzen und Forstordnungen bestimmt. 159

§. 184. Das Pfandgeld muß der Eigenthümer des übergetretenen Viehes entrichten, mit Vorbehalt seines Regresses an den Hirten, durch dessen Verschulden die Schonung verletzt worden ist. 160

§. 186. Hirten, Schäfer und anderes Gesinde, welche Schonungen behüten, oder das übertretende Vieh nicht sofort abkehren, sollen, außer dem Schadensersatze, mit nachdrücklicher Leibes- und allenfalls Festungsstrafe, nach näherer Bestimmung des Kriminalrechts belegt werden. 161

Holzungsgerechtigkeit.

§. 201. Wem das Recht, das benöthigte Holz aus eines Andern Walde zu nehmen, als eine Grundgerechtigkeit, ohne weitere Einschränkung oder Bestimmung zukommt, der ist nicht allein Brenn-, sondern auch Bauholz aus dem Walde zu holen befugt. 162

Zu §. 186.
Die betreffenden Strafen sind in den verschiedenen Forstpolizei-Ordnungen enthalten. Nur wenn die Behütung vorsätzlich geschieht, greift §. 281 Str.-Ges.-B. Platz.

163 §. 202. Das Recht aber, Rohr und Schilf zu hauen, gehört in der Regel nicht mit zur Holzungsgerechtigkeit.

164 §. 203. Auch schränkt sich dergleichen unbestimmte Holzungsgerechtigkeit nur auf das Bedürfniß des begünstigten Grundstücks ein; und der Berechtigte kann sich dieselbe weder zum Verkaufe, noch zur Versorgung anderer unberechtigten Besitzungen zu nutze machen.

165 §. 211. Wenn einer ganzen Dorfschaft oder Gemeine das Holzungsrecht verliehen worden, so kommt selbiges in der Regel nur den angesessenen Wirthen, nicht aber den Einliegern oder Häuslingen zu.

166 §. 213. Auch die zum Bau-, Brenn-, Nutz- und Leseholz Berechtigten müssen sich nach der vorgeschriebenen Forstordnung richten.

167 §. 214. Ohne Vorwissen des Waldaufsehers sind sie nicht befugt, Holz zu fällen und abzuführen.

168 §. 215. Zum Raff- und Leseholze wird nur dasjenige Holz gerechnet, welches in trocknen Aesten abgefallen ist, oder in abgeholzten Schlägen an Abraum zurückgelassen worden.

Zusatz. Kultur-Edikt vom 14. September 1811 (Ges.-S. S. 308)

169 §. 26. Hinsichtlich des Raff- und Leseholzes verordnen Wir:

1) daß jeder Waldeigenthümer befugt sein soll, das Sammeln der Berechtigten auf das Bedürfniß einzuschränken;
2) daß es nur an bestimmten Tagen unter der Aufsicht eines Forstbedienten nach dessen Vorschrift geschehen darf, wenn der Eigenthümer gut findet, diese Einrichtung zu treffen.

170 §. 216. Stämme, die vor Alter umgefallen sind, werden zum Lagerholze gerechnet.

171 §. 217. Wer nur zum Raff- und Leseholze berechtigt ist, kann weder auf Lagerholz noch auf Windbrüche Anspruch machen.

172 §. 218. Dem Waldeigenthümer kommt es zu, für diejenigen, welche nur Raff- und Leseholz aus dem Walde zu nehmen berechtigt sind, gewisse Holztage zu bestimmen, und außer denselben ihnen den freien Eingang in den Wald zu untersagen.

173 §. 219. Wer nur zum Raff- und Leseholze berechtigt ist, darf keine Aexte, Beile oder andere Instrumente, wodurch stehende Bäume oder Aeste herunter gebracht werden können, mit in den Wald nehmen.

174 §. 220. Wird er mit einem solchen Instrumente betroffen, so hat

---

Zu §§. 213 ff.
Soweit die Ausübung der Servituten durch polizeiliche Vorschriften beschränkt ist, kann eine entgegenstehende Befugniß auch nicht durch Verjährung erworben werden. Dies gilt insbesondere auch von den Vorschriften der §§. 214. 218—220.

hat er nicht nur den Verlust desselben, sondern außerdem noch die in den Provinzial-Forstordnungen näher bestimmten Strafen verwirkt.

§. 221. Die Befugniß, Streu zu rechen, oder Kiehn zu holen, ist unter dem Rechte zum Raff- und Leseholze nicht mit begriffen. 175

§. 222. Wer aus Gewinnsucht mehr Raff- und Leseholz einsammelt, als seine persönlichen und Wirthschaftsbedürfnisse erfordern und einen solchen Ueberschuß verkauft, der soll das Erstemal um den doppelten Betrag des zuviel eingesammelten und verkauften Holzes bestraft werden. 176

§. 223. Im Wiederholungsfalle macht er sich seines Rechts für seine Besitzzeit verlustig. 177

B. Befugnisse und Schutz der Forstbeamten bei Ermittelung der Forstfrevel.

1. Befugnisse der Forstbeamten bei Ermittelung der Forstfrevel.

Den Mitgliedern des Forstschutzpersonals liegt vermöge ihres Amtes die Pflicht ob, Holzdiebstählen und andern Forstfreveln nachzuforschen, und zu diesem Zwecke haben sie innerhalb ihres Wirkungskreises alle Befugnisse, die nach Maßgabe der bestehenden Gesetze den zur Ermittelung und Verfolgung strafbarer Handlungen berufenen Beamten überhaupt zustehen. §. 21 des Ges. vom 2. Juni 1852 (oben No. 59). §. 1 des Ges. über den Waffengebrauch vom 31. März 1837 (unten No. 200). §. 4 der Verordn. vom 3. Januar 1849 (unten No. 271). Dahin gehören insbesondere Verhaftungen, Haussuchungen, Beschlagnahmen und Pfändungen. Doch ist die Ausübung dieser polizeilichen Befugnisse an eine zwiefache Beschränkung geknüpft. 178

Einmal nämlich ist die Wirksamkeit des einzelnen Beamten räumlich auf die in seinem Schutzbezirk verübten Frevel eingeschränkt. Indeß ist damit nicht gesagt, daß der Beamte selbst nur innerhalb der Grenzen seines Reviers amtlich einschreiten könnte. Er ist vielmehr unzweifelhaft befugt, einen von ihm betroffenen Frevler auch über die Forstgrenzen hinaus zu verfolgen und hier die Beschlagnahme des gefrevelten Gutes oder sonst erforderliche Maßnahmen zu bewirken, ohne daß dadurch seine Thätigkeit den amtlichen Charakter verlöre. Ebenso kann er auch dann einschreiten, wenn er außerhalb des Waldes Jemanden mit einer verdächtigen Holzladung oder sonst unter Umständen betrifft, die auf einen in seinem Schutzbezirk verübten Frevel schließen lassen. Nur zur Verfolgung solcher Frevel, bei denen 179 eine Verübung in seinem Reviere gar nicht unterstellt werden kann, ist er in amtlicher Eigenschaft nicht berufen.

180 Die zweite Beschränkung ist die, daß der Beamte mit seinen einzelnen Maßnahmen an die Fälle und Formen des Gesetzes gebunden ist, wie sie aus Folgendem erhellen.

a. Verhaftungen und Haussuchungen.

Gesetz zum Schutz der persönlichen Freiheit. Vom 12. Februar 1850 (Ges.-S. S. 45).

Wir Friedrich Wilhelm ꝛc. verordnen, unter Zustimmung beider Kammern, unter Aufhebung des Gesetzes vom 24. September 1848, was folgt:

181 §. 1. Die Verhaftung einer Person darf nur Kraft eines schriftlichen, die Beschuldigung und den Beschuldigten bestimmt bezeichnenden richterlichen Befehls bewirkt werden.

Dieser Befehl muß bei der Verhaftung oder spätestens im Laufe des folgenden Tages dem Beschuldigten zugestellt werden.

182 §. 2. Die vorläufige Ergreifung und Festnahme einer Person kann ohne richterlichen Befehl erfolgen:

1) wenn die Person bei Ausführung einer strafbaren Handlung oder gleich nach derselben betroffen oder verfolgt wird;
2) wenn sich, selbst später, Umstände ergeben, welche die Person als Urheber oder Theilnehmer einer strafbaren Handlung und zugleich der Flucht dringend verdächtig machen.

Zu §. 1.

Der §. 1 handelt von der definitiven Annahme zur gerichtlichen Untersuchungshaft, sei es, daß der Thäter bereits durch die Polizei vorläufig festgenommen ist (§. 2), oder daß er überhaupt erst noch arretirt werden soll. Die Voraussetzungen dieser gerichtlichen Haftnahme sind einmal, daß gegen die betreffende Person ein hinreichender Verdacht vorliegt, sodann aber, daß zu befürchten steht, der Thäter werde seine Freiheit zur Flucht oder zur Verdunkelung der Wahrheit und Erschwerung der Untersuchung mißbrauchen. Eine solche Besorgniß präsumirt das Gesetz, wenn das betr. Verbrechen oder Vergehen mit Zuchthaus oder mehrjährigem Gefängniß bedroht ist. In andern Fällen muß nach den Umständen thatsächlich geprüft werden, ob Grund zu jener Befürchtung vorliege, ob insbesondere die Ermittelung und Habhaftwerdung des Thäters, wenn derselbe in Freiheit bliebe, später Schwierigkeiten machen könnte (§§. 206 ff. der Criminal-Ordnung vom 11. Dezember 1805).

Die vorläufige Festnahme ist an diese Voraussetzungen nicht gebunden.

Zu §. 2—4.

1) Die Voraussetzungen der vorläufigen Festnahme sind im §. 2 selbst enthalten. Doch werden die Forstschutzbeamten auch beim Betreffen oder Verfolgen des Thäters nur dann zur Arretirung zu schreiten brauchen, wenn die Person des Thäters unbekannt oder unsicher, oder die Festnahme desselben nach ihrem Ermessen aus sonstigen Gründen zur Ueberführung nöthig ist.

2) Hat ein Forstschutzbeamter Jemanden arretirt, so muß er denselben zunächst der betreffenden Polizei-Behörde zuführen, welche dann ihrerseits über die sofortige Entlassung oder die Vorführung an den Staatsanwalt (oder Polizeianwalt) zu entscheiden

§. 3. Zu der vorläufigen Ergreifung und Festnahme (§. 2) sind 183
die Polizeibehörden und andere Beamte, welchen nach den bestehenden Gesetzen die Pflicht obliegt, Verbrechen und Vergehen nachzuforschen, sowie die Wachtmannschaften berechtigt, letztere jedoch nur in dem Falle des §. 2 No. 1.

Wenn in dem Falle des §. 2 No. 1 der Thäter flieht, oder der Flucht dringend verdächtig ist, oder Grund zu der Besorgniß vorliegt, daß die Identität der Person sonst nicht festzustellen sein werde, so ist jede Privatperson ermächtigt, den Thäter zu ergreifen.

Der Ergriffene muß sofort einem der oben bezeichneten Beamten, Behufs Bestimmung über die vorläufige Festnahme, oder einer Wachtmannschaft zugeführt werden.

§. 4. Bei jeder Verhaftung ist sofort das Erforderliche zu ver- 184
anlassen, um den Beschuldigten dem Richter vorzuführen, welcher den Befehl dazu erlassen hat. — Jeder vorläufig Festgenommene muß spätestens im Laufe des folgenden Tages entweder in Freiheit gesetzt oder es muß in dieser Zeit das Erforderliche veranlaßt werden, um ihn dem Staatsanwalte bei dem zuständigen Gerichte vorzuführen. Der Staatsanwalt muß entweder die sofortige Freilassung verfügen, oder unverzüglich bei dem Gerichte den Antrag stellen, daß über die Verhaftung Beschluß gefaßt werde. — Ist Jemand außerhalb des Bezirks des zuständigen Gerichts vorläufig festgenommen worden, so kann er verlangen, zunächst vor den Staatsanwalt des Bezirks, in welchem er ergriffen worden, geführt zu werden. Dieser ist nur dann befugt, den Festgenommenen in Freiheit zu setzen, wenn derselbe nachweist, daß der Festnahme ein Mißverständniß zum Grunde lag. Andernfalls hat er die Vorführung vor den Staatsanwalt des zuständigen Gerichts zu veranlassen.

§. 5. Jeder Verhaftete oder vorläufig Festgenommene muß spä- 185
testens im Laufe des folgenden Tags nach seiner Vorführung vor den zuständigen Richter so vernommen werden, daß ihm der Gegenstand

---

hat. Bei dieser Entscheidung ist zu prüfen, ob die Voraussetzungen für eine definitive Haftnahme (Anm. zu §. 1) vorhanden sind. Ist dies unzweifelhaft nicht der Fall, so ist der Verhaftete gleich von der Polizei zu entlassen. Nur wenn jene Voraussetzungen vorliegen oder die Nothwendigkeit der gerichtlichen Haftnahme zweifelhaft ist, muß die Vorführung an den Staatsanwalt erfolgen.

Diese „Vorführung" ist übrigens nur dann eine persönliche, wenn der Verhaftete dies ausdrücklich verlangt. Sonst werden dem Staatsanwalt nur die aufgenommenen polizeilichen Verhandlungen übersandt, der Arretirte aber bleibt vorläufig in polizeilicher Haft.

3) Ein Beamter, der mit Vorsatz eine rechtswidrige Verhaftung oder vorläufige Festnahme vornimmt oder vornehmen läßt, wird mit Gefängniß nicht unter 3 Monaten bestraft. §. 317 Str.-Ges.-B.

der Anschuldigung mitgetheilt und ihm die Möglichkeit zur Aufklärung eines Mißverständnisses gegeben werde.

186 §. 6. Die im §. 3 genannten Behörden, Beamten und Wachtmannschaften sind befugt, Personen in polizeiliche Verwahrung zu nehmen, wenn der eigne Schutz dieser Personen oder die Aufrechterhaltung der öffentlichen Sittlichkeit, Sicherheit und Ruhe diese Maßregel dringend erfordern. Die polizeilich in Verwahrung genommenen Personen müssen jedoch spätestens im Laufe des folgenden Tages in Freiheit gesetzt oder es muß in dieser Zeit das Erforderliche veranlaßt werden, um sie der zuständigen Behörde zu überweisen.

187 §. 7. In eine Wohnung darf wider den Willen des Inhabers Niemand eindringen, außer auf Grund einer aus amtlicher Eigenschaft folgenden Befugniß oder eines von einer gesetzlich dazu ermächtigten Behörde ertheilten Auftrags.

188 §. 8. Das Eindringen in die Wohnung während der Nachtzeit ist verboten. Die Nachtzeit umfaßt für die Zeit vom 1. Oktober bis 31. März die Stunden von 6 Uhr Abends bis 6 Uhr Morgens und für die Zeit vom 1. April bis 30. September die Stunden von 9 Uhr Abends bis 4 Uhr Morgens.

189 §. 9. Das Verbot, in eine Wohnung zur Nachtzeit einzudringen, begreift nicht die Fälle einer Feuer- oder Wassersnoth, einer Lebensgefahr oder eines aus dem Innern der Wohnung hervorgegangenen Ansuchens; es bezieht sich nicht auf die Orte, in welchen während der Nachtzeit das Publikum ohne Unterschied zugelassen wird, so lange diese Orte dem Publikum zum fernern Eintritt oder dem eingetretenen Publikum zum fernern Verweilen geöffnet sind.

190 §. 10. Zum Zweck der vorläufigen Ergreifung und Festnahme einer Person, welche bei Ausführung einer strafbaren Handlung oder gleich nach derselben verfolgt worden, sowie zum Zwecke der Wiederergreifung eines entsprungenen Gefangenen, darf der verfolgende oder zugezogene Beamte, ingleichen die verfolgende oder zugezogene Wachtmannschaft, auch zur Nachtzeit in eine Wohnung eindringen, wenn dringende Gründe dafür sprechen, daß bei längerer Verzögerung der Verfolgte sich der Festnahme ganz entziehen werde. Der Zutritt zu den von Militärpersonen benutzten Wohnungen darf den Militär-Vorgesetzten oder Beauftragten, Behufs Vollziehung dienstlicher Befehle,

---

Zu §§. 7 und 8.

1) Die Bestimmungen dieser §§. sind allgemeine. Es kommt dabei auf den Zweck des Eindringens nicht an. Ueber Haussuchungen s. §§. 11 ff.

2) Ein Beamter, welcher mit Vorsatz rechtswidrig in eine Wohnung eindringt, wird mit Geldbuße bis zu 100 Thalern oder Gefängniß bis zu 2 Monaten bestraft. §. 318 Str.-Ges.-B.

auch zur Nachtzeit nicht versagt werden. Das Verbot, in eine Wohnung bei Nachtzeit einzudringen, bezieht sich nicht auf diejenigen Räume, welche die Zoll- und Steuerbeamten zur Vollziehung der ihnen obliegenden Revisionen zu betreten berechtigt sind, ohne durch die Bestimmungen der Zoll- und Steuergesetze auf die Tageszeit beschränkt zu sein.

§. 11. Haussuchungen dürfen nur in den Fällen und nach den 191
Formen des Gesetzes unter Mitwirkung des Richters oder der gerichtlichen Polizei und, wo diese nicht eingeführt ist, der Polizeikommissarien oder der Kommunal- oder der Ortspolizei-Behörde geschehen. Sie müssen, soweit dies geschehen kann, unter Zuziehung des Angeschuldigten oder der Hausgenossen erfolgen.

§. 12. Das Verbot, Haussuchungen bei Nachtzeit vorzunehmen 192
(§. 8), findet keine Anwendung:

1) auf die Wohnungen der Personen, welche durch ein Straferkenntniß unter Polizei-Aufsicht gestellt sind;
2) auf Orte, welche der Polizei als Schlupfwinkel des Hazardspiels, als Herbergen und Versammlungsorte von Verbrechern, als Niederlagen verbrecherisch erworbener Sachen oder als Aufenthaltsorte liederlicher Frauenzimmer bekannt sind;
3) wenn dringende Gründe dafür sprechen, daß bei längerer Zögerung die in einer Wohnung befindlichen Gegenstände, in Bezug auf welche eine strafbare Handlung begangen worden, oder die daselbst vorhandenen Beweismittel abhanden gebracht oder gefährdet werden möchten.

§. 13 interessirt hier nicht.

Urkundlich rc. Gegeben Charlottenburg, den 12. Februar 1850.

Friedrich Wilhelm.

Zu §. 11.

1) Haussuchungen sind in allen Fällen zuläsſig, wenn es wahrscheinlich ist, daß dadurch die Ausmittelung des Thatbestandes oder des Thäters erleichtert, oder der durch das Verbrechen verursachte Schaden ganz oder zum Theil werde ersetzt werden. Doch soll dabei auf den Ruf und bisherigen Lebenswandel des betr. Individuums Rücksicht genommen werden.

2) Formell sind Haussuchungen der Regel nach nur auf Anordnung der Staatsanwaltschaft oder des Gerichts vorzunehmen. Nur in schleunigen Fällen ist den Polizei-Behörden ein selbstständiges Einschreiten gestattet. Forstschutzbeamte dürfen niemals allein zu einer Haussuchung schreiten, sondern müssen stets die Ortspolizei oder in deren Abwesenheit die Kommunal-Behörde bez. das Dorfgericht zuziehen. Verabsäumen sie dies, so genießen sie bei der Maßregel nicht den Schutz als Beamte.

Zu §. 13.

Der §. 13 enthält nur eine Uebergangsbestimmung für die Landestheile, in welchen früher die Stellung unter Polizei-Aufsicht durch ein Straferkenntniß nicht stattgefunden hatte. Jetzt ist die Polizei-Aufsicht durch das Str.-Ges.-B. §§. 26 ff. und hinsichtlich der wegen Kontrebande und Zolldefraudation Bestraften durch das Ges. über die Stellung unter Polizei-Aufsicht vom 12. Febr. 1850 (Ges.-S. S. 49) für den ganzen bisherigen Umfang der Monarchie gleichmäßig geregelt.

b. Beschlagnahmen und Pfändungen.

193 Eine Beschlagnahme findet zunächst hinsichtlich aller Sachen statt, die als Beweisstücke zur Aufklärung des Thatbestandes einer verübten strafbaren Handlung oder zur Ueberführung des Thäters dienen können. Was dahin zu rechnen sei, läßt sich nicht allgemein bestimmen, muß vielmehr in jedem Einzelfalle dem vernünftigen Ermessen des Beamten überlassen bleiben. Insbesondere kann gestohlenes Gut jederzeit, sobald es zum Vorschein kommt, in Beschlag genommen werden. Wird dasselbe später für die Untersuchung entbehrlich, so erhält es der Bestohlene zurück. Einen besondern Fall dieser Art s. §. 47 des Holzdiebst.-Ges. (oben No. 85).

194 Ferner findet eine Beschlagnahme in allen Fällen statt, wo gesetzlich neben der eigentlichen Strafe die Konfiskation bestimmter Sachen angedroht ist. Dies gilt nach §. 19 Str.-Ges.-B. allgemein hinsichtlich solcher Gegenstände, welche zur Verübung eines Verbrechens oder Vergehens gebraucht oder bestimmt worden sind. Im Einzelnen unterliegen namentlich der Konfiskation und sind also dem Thäter abzunehmen: 1) die zur Begehung eines Holzdiebstahls gebrauchten Aexte, Sägen, Beile und andere Werkzeuge, die der Thäter bei sich führt (§§. 17. 22 des Holzdiebst.-Ges., oben No. 55 u. 60); 2) das Gewehr, Jagdgeräth und die Hunde, desgleichen Schlingen, Netze, Fallen und sonstige Vorrichtungen zum Einfangen des Wildes, welche ein Wilddieb bei sich führt (§. 277 Str.-Ges.-B., oben No. 104); 3) unerlaubte Rechen oder Harken, die bei Ausübung der Waldstreuberechtigung gebraucht worden sind (§. 7 der Verordn. vom 5. März 1843 (oben No. 127); 4) Aexte, Beile und andere zum Herunterbringen stehender Bäume oder Aeste geeignete Werkzeuge, mit denen ein nur zu Raff- und Leseholz Berechtigter im Walde betroffen wird (§§. 219. 220 Tit. 22 Th. I Allg. Land-Rechts, oben No. 173. 174). In allen diesen Fällen geht der Thäter der ihm abgenommenen Gegenstände ganz verlustig. Das Eigenthum derselben fällt dem Fiskus zu. Ueber die Behandlung solcher Sachen vergl. Anm. 3 zu §. 22 des Holzdiebst.-Ges. (oben No. 60).

195 Verschieden von diesen, im gewöhnlichen Leben mißbräuchlich auch wohl Pfändungen genannten Beschlagnahmen ist die eigentliche Pfändung, die Besitznehmung fremder Sachen in der Absicht, entweder den Beweis oder den Ersatz eines zugefügten Schadens oder die Entrichtung einer verwirkten Geldbuße zu sichern, oder eine bevorstehende Schadenszufügung bez. sonstige Beeinträchtigung abzuwenden. Solche Pfändungen, die nicht bloß dem Beamten, sondern auch einem Privatinteressenten zustehen, sind im Betretungsfalle ohne weitere Voraus-

setzung zulässig: 1) beim Holzdiebstahl in Ansehung der zur Wegschaffung des Entwendeten gebrauchten Thiere und sonstigen Transportmittel (§§. 22. 23 des Holzdiebst.=Ges., oben No. 60. 61); 2) bei Uebertretungen in Ausübung der Waldstreuberechtigung hinsichtlich beliebiger Pfandstücke (§. 8 der Verordn. vom 5. März 1843, oben No. 128); 3) bei der Waldhütung in Ansehung des in befriedete oder sonst kennbar bezeichnete Schonungen übergetretenen Viehes (§§. 180 ff. Tit. 22 Th. I Allg. Land=Rechts, oben No. 158); 4) endlich ist in vielen Provinzial-Forstordnungen bei Hütungskontraventionen überhaupt eine Pfändung in weiterm Maßstabe zugelassen.

Abgesehen von diesen einzelnen Fällen findet die Pfändung nur 196
innerhalb der in den §§. 413 ff. Tit. 14 Th. I Allg. Land=Rechts vorgezeichneten Grenzen statt. Danach ist dieselbe nur zulässig, wenn a) der Beschädiger oder Störer unbekannt oder unsicher ist, oder b) die Pfändung das einzige Mittel ist, den oben angegebenen Zweck zu erreichen, d. h. also, sich den Beweis oder Ersatz eines erlittenen Schadens oder die Entrichtung einer verwirkten Geldbuße zu sichern oder eine drohende Beeinträchtigung abzuwenden. Auch ist die Pfändung nur statthaft, wenn der Thäter auf frischer That oder im unmittelbaren Zusammenhange damit betroffen oder verfolgt wird.

Gegenstand der Pfändung sind in der Regel nur Vieh und andere 197
bewegliche Sachen. Personen sollen nur dann angehalten werden, wenn die Sachpfändung entweder gar nicht, oder nicht, ohne sich zugleich der Person zu bemächtigen, bewerkstelligt werden kann. Aber auch von Sachen darf nur so viel gepfändet werden, als es zur ungefähren Deckung des Schadens oder zur Sicherung des Beweises nöthig ist, und der Gepfändete kann sich unter allen Umständen durch freiwillige Hergabe einer ausreichenden Sicherheit von der Pfändung befreien. Endlich ist der Pfändende verpflichtet, die abgenommenen Pfandstücke an den Ortsvorstand oder die Polizeibehörde zur einstweiligen Verwahrung abzuliefern und, wenn es sich um einen Entschädigungsanspruch handelt, denselben bei dem kompetenten Civilgerichte geltend zu machen, wenn hingegen die Pfändung nur zur Sicherheit für eine verwirkte Geldbuße erfolgt ist, der Polizeibehörde oder dem Polizeianwalt von der Sache Anzeige zu machen.

Die Wirkung der Pfändung ist nicht, wie bei der Konfiskation, 198
gänzlicher Verlust des Eigenthums, sondern, dem Zwecke des ganzen Instituts gemäß, nur die Sicherheit für den Ersatz eines Schadens oder die Entrichtung einer verwirkten Geldbuße. Der Gepfändete kann also die Pfandstücke mittelst Niederlegung einer zur Deckung jener Beträge sowie der Kosten hinlänglichen Summe wieder auslösen. Thut

er dies nicht, so werden die Pfandstücke gerichtlich versteigert und der Erlös, unter Rückgabe des etwaigen Ueberschusses, zur Deckung von Strafe oder Schaden und Kosten verwendet.

199 Neben diesen Wirkungen der Pfändung kommt noch ein sogenanntes Pfandgeld vor, welches der Gepfändete dem Pfändenden zu entrichten hat. Allgemein ist jedoch ein solches nur für die Gegenstände der Feldpolizei-Ordnung eingeführt, die auf den Schutz der Forsten keine Anwendung findet. Im Gebiete der Forstpolizei kann ein Pfandgeld nur gefordert werden, wo es in den einzelnen Provinzial-Forstordnungen bestimmt ist, und auch hier jetzt nur noch in den Fällen, die nicht zu den Gegenständen des Holzdiebstahls-Gesetzes vom 2. Juni 1852 gehören. Beim Diebstahl an Holz und andern Waldprodukten sind die Pfandgelder, auch wo sie bisher observanzmäßig stattfanden, durch §. 51 des Holzdiebst.-Ges. (oben No. 89) ausdrücklich abgeschafft.

---

2. Schutz der Forstbeamten bei Ausübung ihres Berufs.

a. Gesetz über den Waffengebrauch der Forst- und Jagdbeamten. Vom 31. März 1837 (Ges.-S. S. 55).*)

Wir Friedrich Wilhelm rc. verordnen über die Befugniß der Forst- und Jagdbeamten, von ihren Waffen Gebrauch zu machen, und über das wegen mißbräuchlicher Anwendung zu beobachtende Verfahren, auf den Antrag Unseres Staatsministeriums und nach erfordertem Gutachten Unseres Staatsraths, für den ganzen Umfang Unserer Monarchie, wie folgt:

200 §. 1. Unsere Forst- und Jagdbeamten, sowie die im Kommunal- oder Privatdienste stehenden, wenn sie auf Lebenszeit angestellt sind,

---

*) Die zu diesem Gesetze erlassenen Ministerial-Instruktionen für die Königl. Forst- und Jagdbeamten vom 17. April 1837 und für die Kommunal- und Privatbeamten vom 21. November 1837 folgen unmittelbar hinter dem Gesetze selbst.

Zu §. 1.

1) Vergl. die Instruktionen vom 17. April 1837 Art. 1 bis 8 und vom 21. November 1837 §§. 1 bis 9.

2) Das Recht zum Waffengebrauch geht mit der erhöhten Glaubwürdigkeit vor Gericht Hand in Hand. Zum Waffengebrauch sind dieselben Personen befugt, die nach §. 32 des Holzdiebst.-Ges. vereidet werden können (s. oben No. 70 und hinsichtlich der Korpsjäger die Anm. dazu). Voraussetzung des Waffengebrauchs, ebenso wie nach §. 31 des Holzdiebst.-Ges. der Glaubwürdigkeit, ist es aber, daß die Vereidung auch wirklich erfolgt ist. Ist die Vereidung nach §. 32 cit. nicht zulässig, oder, wo sie zulässig, noch nicht erfolgt, so können sich die betr. Beamten ihrer Waffen nur unter den Voraussetzungen der Nothwehr (oben No. 18) bedienen. Vergl. §. 12 dieses Gesetzes.

Die Vereidung geschieht jetzt, statt nach dem Ges. vom 7. Juni 1821, nach §. 33 des Ges. vom 2. Juni 1852.

3) In örtlicher Beziehung soll nach den Instruktionen (Art. 2 und §. 2)

oder die Rechte der auf Lebenszeit Angestellten haben, nach Vorschrift des Gesetzes vom 7. Juni 1821 §. 20 vereidet und mit ihrem Diensteinkommen nicht auf Pfandgelder, Denunziantenantheil oder Strafgelder angewiesen sind, haben die Befugniß, in ihrem Dienste zum Schutze der Forsten und Jagden gegen Holz- und Wilddiebe, gegen Forst- und Jagdkontravenienten von ihren Waffen Gebrauch zu machen:

1) wenn ein Angriff auf ihre Person erfolgt, oder wenn sie mit einem solchen Angriffe bedroht werden,
2) wenn diejenigen, welche bei einem Holz- oder Wilddiebstahl, bei einer Forst- oder Jagdkontravention auf der That betroffen, oder als der Verübung oder der Absicht zur Verübung eines solchen Vergehens verdächtig in dem Forste oder dem Jagdreviere gefunden werden, sich der Anhaltung, Pfändung oder Abführung zu der Forst- oder Polizei-Behörde, oder der Ergreifung bei versuchter Flucht thätlich oder durch gefährliche Drohungen widersetzen.

Der Gebrauch der Waffen darf aber nicht weiter ausgedehnt werden, als es zur Abwehrung des Angriffes und zur Ueberwindung des Widerstandes nothwendig ist.

Der Gebrauch des Schießgewehrs als Schußwaffe ist nur dann erlaubt, wenn der Angriff oder die Widersetzlichkeit mit Waffen, Aexten, Knütteln oder andern gefährlichen Werkzeugen, oder von einer Mehrheit, welche stärker ist, als die Zahl der zur Stelle anwesenden Forst- oder Jagdbeamten, unternommen oder angedroht wird. Der Androhung eines solchen Angriffes wird es gleich geachtet, wenn der Betroffene die Waffen oder Werkzeuge nach erfolgter Aufforderung nicht sofort ablegt, oder sie wieder aufnimmt.

§. 2. Die Beamten müssen, um sich der Waffen bedienen zu 201
dürfen, in Uniform oder mit einem amtlichen Abzeichen versehen sein.

§. 3. Der Forst- oder Jagdbeamte, der hiernach von seinen 202

---

die Befugniß zum Waffengebrauche nur Platz greifen, wenn der Beamte sich innerhalb seines Reviers befindet. Nach der maßgebenden Ansicht kommt aber das Gesetz auch da zur Anwendung, wo ein im Forste betroffener Frevler außerhalb desselben verfolgt oder zur Forst- oder Polizeibehörde abgeführt wird (Justiz-Min.-Bl. 1853 S. 351).

Zu §. 2.

Vergl. die Instruktionen vom 17. April 1837 Art. 9 und vom 21. November 1837 §§. 7. 8. 10. 11.

Für Königliche Beamte ist außerdem durch Min.-Reskr. vom 18. Juni 1837 (v. Kamptz Annalen Bd. 21 S. 347) ein über dem Schirme der Dienstmütze anzubringender königlicher Adler von Metall nebst Hirschfänger an beliebiger Koppel als amtliches Abzeichen eingeführt.

Zu §. 3.

Vergl. die Instruktionen vom 17. April 1837 Art. 10. 11 und vom 21. November 1837 §§. 12. 13.

Waffen Gebrauch gemacht und Jemand dadurch verletzt hat, ist verpflichtet, soweit es ohne Gefahr für seine Person geschehen kann, dem Verletzten Beistand zu leisten, und wenn er auf Jemand geschossen hat, nachzuforschen, ob derselbe dadurch verletzt sei. Ist es erforderlich, so muß der Beamte dafür sorgen, daß der Verletzte zum nächsten Orte gebracht werde, wo die Polizeibehörde für die ärztliche Hülfe und für die nöthige Bewachung Sorge zu tragen hat.

Die Kurkosten sind erforderlichen Falls, und zwar hinsichtlich Unserer Forsten und Jagden von der Forst- und Jagdverwaltung, hinsichtlich der andern Forsten aber von den Forst- nnd Jagdberechtigten vorzuschießen, welche den Ersatz von dem Verletzten und den Theilnehmern des Frevels, oder von den Beamten, je nachdem die Anwendung der Waffen gerechtfertigt befunden worden ist, oder nicht, verlangen können.

203 §. 4. Auf die Anzeige, daß Jemand von einem Unserer Forst- oder Jagdbeamten (§. 1) im Dienste durch Anwendung der Waffen verletzt worden, hat das Gericht des Orts, wo die Verletzung vorgefallen ist, mit Zuziehung eines Ober-Forstbeamten den Thatbestand festzustellen und zu ermitteln: ob ein Mißbrauch der Waffen stattgefunden habe. Das Gericht ist schuldig, hierbei auf die Anträge Rücksicht zu nehmen, welche der Ober-Forstbeamte zur Aufklärung der Sache zu machen für nothwendig erachtet.

204 §. 5. Werden in Ansehung eines Forst- und Jagdbeamten, der nicht zu Unsern Beamten gehört, die im §. 4 vorgeschriebenen Ermittelungen erforderlich, so ist hinsichtlich der standesherrlichen Forstbeamten, statt des im §. 4 erwähnten Ober-Forstbeamten, der standesherrliche Oberbeamte für die Polizei oder, in Ermangelung eines solchen, der Kreis-Landrath, hinsichtlich aller andern Forstbeamten aber in jedem Falle der Kreis-Landrath bei der Ermittelung zuzuziehen.

205 §. 6. Nach beendigter vorläufiger Untersuchung sind die Akten

---

Zu §. 4.

Vergl. die Instruktion vom 17. April 1837 Art. 12.

Unter dem Gerichte des Orts ist das ordentliche Gericht des Sprengels zu verstehen, in welchem die Verletzung vorgefallen ist. Dagegen spricht der §. 6 von dem zur Beschlußfassung über die Eröffnung der förmlichen Untersuchung kompetenten Civil- oder Militärgerichte.

Zu §. 6.

1) Das hier angeordnete Verfahren findet wörtlich nur noch statt, wenn der Verletzende ein Korpsjäger und also das zur förmlichen Untersuchung kompetente Gericht ein Militärgericht ist. In allen Fällen muß nach jetziger Civilgerichts-Verfassung die Anzeige von der Verletzung an den Staatsanwalt gerichtet werden. Dieser hat alsdann bei dem Gerichte des Orts die vorläufige Untersuchung zu beantragen, und nach Schluß derselben gehen die Akten auch wieder an ihn zurück. Gehört nun die Sache vor die Civilgerichte, so holt der Staatsanwalt selbst die Erklärung der

an das betreffende Gericht einzusenden, welches die Verhandlungen, sobald sie als vollständig befunden worden, der Regierung zur Erklärung über die Einleitung der gerichtlichen Untersuchung mittheilt.

§. 7. Nach Eingang dieser Erklärung beschließt das Gericht über 206
die Eröffnung der Untersuchung. Wird diese gegen die Ansicht und den Widerspruch der Regierung beschlossen, so muß die Sache nach den über die Kompetenzkonflikte zwischen den Gerichten und Verwaltungsbehörden ertheilten Vorschriften erledigt werden.

§. 8. In der Rheinprovinz, soweit dort die Französische Justiz- 207
verfassung besteht, werden die Verhandlungen über die vorläufige Untersuchung an den Ober-Prokurator des betreffenden Landgerichts eingesandt, und durch diesen der Rathskammer desselben mitgetheilt, welche auf den Bericht des Instruktionsrichters, nach Anhörung der Staatsbehörde, die im §. 6 erwähnte Prüfung vornimmt und den im §. 7 vorgeschriebenen Beschluß abfaßt.

§. 9. Mit der Verhaftung eines des Waffenmißbrauchs beschul- 208
digten Forst- oder Jagdbeamten darf nur verfahren werden, wenn die vorgesetzte Dienstbehörde darauf anträgt, oder wenn die Eröffnung der gerichtlichen Untersuchung definitiv feststeht.

§. 10. Gegen den Forst- oder Jagdbeamten, welcher angeklagt 209
ist, seine Befugniß zum Gebrauch der Waffen überschritten zu haben, können die Angaben des Verletzten, der Theilnehmer an dem Holz- oder Wilddiebstahl, an der Forst- oder Jagdkontravention, und solcher Personen, die schon wegen Widersetzlichkeit gegen Forst- oder Jagdbeamte oder wegen Wilddiebstahls zu einer Strafe, oder wegen Holzdiebstahls und Forstkontraventionen zu einer Kriminalstrafe verurtheilt worden sind, für sich allein keinen zur Anwendung einer Strafe hinreichenden Beweis begründen.

Regierung ein. Ist dagegen zur förmlichen Untersuchung ein Militärgericht kompetent, so giebt er die Sache einfach an dasselbe ab, und die Erklärung der Regierung wird von dort aus eingeholt.

2) Die Regierung soll nicht über das Thatsächliche gehört werden, sondern nur darüber eine Erklärung abgeben, ob der einer Verwundung beschuldigte Beamte, die thatsächliche Richtigkeit der Beschuldigung vorausgesetzt, innerhalb der Grenzen seiner gesetzlichen Befugniß zum Waffengebrauch gehandelt habe. Min.-Reskr. vom 21. November 1837 (v. Kamptz Ann. Bd. 21 S. 905).

Zu §. 9.

Vergl. die Instruktion vom 17. April 1837 Art. 13. 14.

Zu §. 10.

Die Beweisvorschrift des §. 10 ist außer Wirksamkeit gesetzt. Gericht oder Geschworne haben jetzt lediglich nach ihrer freien Ueberzeugung über den thatsächlichen Hergang zu urtheilen.

210 §. 11. In Ansehung der Strafe der Forst- und Jagdbeamten, welche des Mißbrauchs der Waffen schuldig befunden worden, behält es bei den bestehenden Vorschriften der Gesetze sein Bewenden.

211 §. 12. Für die Eigenthümer, Besitzer und Inhaber von Forsten oder Jagdgerechtigkeiten, sowie für die Förster, Waldwärter und Jäger, welche die im §. 1 bezeichneten Eigenschaften nicht besitzen, wird durch dieses Gesetz an den bestehenden Vorschriften über die Selbsthülfe und Nothwehr nichts geändert.

Urkundlich ꝛc. Gegeben Berlin, den 31. März 1837.

Friedrich Wilhelm.

Ministerial-Instruktionen zu dem vorstehenden Gesetze.

Instruktion für die Königlichen Forst- und Jagdbeamten. Vom 17. April 1837.

Damit die in dem Gesetze vom 31. März d. J. enthaltenen Bestimmungen dem beabsichtigten Zwecke gemäß zur Ausführung gebracht, und etwaigen Excessen beim Gebrauch der Waffen vorgebeugt werde,

---

Zu §. 11.

Die Wirkung des Gesetzes über den Waffengebrauch ist die, daß unter den bestimmten Voraussetzungen die Strafe, mit welcher eine Körperverletzung sonst bedroht ist, ausgeschlossen bleibt. Wird nun durch Urtel und Recht festgestellt, daß der Waffengebrauch nicht gerechtfertigt gewesen sei, so folgt daraus von selbst, daß die Strafausschließung fortfällt, mithin die ordentliche Strafe eintritt. Die betreffenden Strafvorschriften enthält das Strafgesetzbuch:

§. 316. Ein Beamter, welcher in Ausübung oder in Veranlassung der Ausübung seines Amtes vorsätzlich Mißhandlungen oder Körperverletzungen verübt oder verüben läßt, wird mit Gefängniß nicht unter drei Monaten bestraft, auch kann gegen denselben auf zeitige Unfähigkeit zu öffentlichen Aemtern erkannt werden.

Wird festgestellt, daß mildernde Umstände vorhanden sind, so kann auf Gefängniß auch unter drei Monaten oder auf Geldbuße bis zu dreihundert Thalern erkannt werden.

Ist die Mißhandlung oder Körperverletzung eine schwere (§. 193, d. h. ist der Verletzte dadurch verstümmelt, oder der Sprache, des Gesichts, des Gehörs oder der Zeugungsfähigkeit beraubt, oder in eine Geisteskrankheit versetzt worden), und findet keiner der im §. 196 vorgesehenen Milderungsgründe statt, so tritt Zuchthaus nicht unter drei Jahren ein.

§. 194. Hat die vorsätzliche Mißhandlung oder Körperverletzung den Tod des Verletzten zur Folge gehabt, so ist die Strafe Zuchthaus von zehn bis zu zwanzig Jahren.

§. 196. War bei einer Mißhandlung oder Körperverletzung der Thäter ohne eigne Schuld durch eine ihm selbst oder seinen Angehörigen zugefügte Mißhandlung oder schwere Beleidigung von dem Verletzten zum Zorn gereizt, und dadurch auf der Stelle zur That hingerissen worden, oder wird festgestellt, daß andere mildernde Umstände vorhanden sind, so ist im Falle der Tödtung (§. 194) auf Gefängniß nicht unter sechs Monaten, im Falle einer schweren Mißhandlung oder Körperverletzung (§. 193) auf Gefängniß nicht unter drei Monaten ꝛc. zu erkennen. —

War die Absicht des Beamten darauf gerichtet, den Tod der betr. Person herbeizuführen, so kommt die Strafe des Todtschlags, und wenn die Tödtung außerdem mit Ueberlegung verübt worden, die Strafe des Mordes zur Anwendung.

werden für die Königlichen Forsten und Jagden nachstehende Anweisungen ertheilt, welche gleich den in dem Gesetze selbst enthaltenen Bestimmungen ein jeder Königlicher Forst- und Jagdbeamter sich genau einzuprägen, stets zu vergegenwärtigen und streng zu befolgen hat.

Allgemeine Bestimmungen.

Art. 1. Unter den Forst- und Jagdbeamten versteht das Gesetz 212
nicht bloß die zur Verwaltung und zum Schutz der Forsten und Jagden angestellten Oberförster und Förster, sondern auch die zur Verstärkung des Forst- und Jagdschutzes angenommenen Hülfsaufseher und Korpsjäger, sobald sie mit den im §. 1 des Gesetzes bestimmten Erfordernissen versehen, und namentlich gehörig vereidigt sind.

Art. 2. Die vorbemerkten Forst- und Jagdbeamten sind über- 213
haupt nur dann, wenn sie sich in den ihnen zur Verwaltung und zum Schutze überwiesenen Forst- und Jagdbezirken befinden, sich der Waffen zu bedienen befugt.

Art. 3. An Waffen dürfen sie nur den Hirschfänger, die Flinte 214
oder Büchse führen. Die Schußwaffe ist nur mit Schrot oder der Kugel zu laden. Wer sich anderer Waffen bedient, oder diejenigen Schußwaffen, welche geführt werden dürfen, anders als vorgeschrieben ladet, hat jedenfalls Disziplinarstrafen verwirkt, und bleibt außerdem für allen Nachtheil, der daraus entsteht, verantwortlich.

Art. 4. Beim Gebrauch der Waffen müssen die Forst- und 215
Jagdbeamten sich stets vergegenwärtigen, daß solcher nur soweit stattfinden darf, als die Erfüllung des bestimmten Zweckes, die Holz- oder Wilddiebe oder die Forst- und Jagdkontravenienten bei thätlichem Widerstande oder gefährlichen Drohungen unschädlich zu machen, es unerläßlich erfordert. Die Waffen sind daher gegen keinen schon auf der Flucht begriffenen Frevler, und auch gegen Widerstand leistende Frevler nur so zu gebrauchen, daß lebensgefährliche Verwundungen so viel als möglich vermieden werden. Deshalb ist beim Gebrauch der Schußwaffe der Schuß möglichst nach den Beinen zu richten, und beim Gebrauch des Hirschfängers der Hieb nach den Armen des Gegners zu führen. Uebrigens muß beim Gebrauch der Schußwaffe die größte Vorsicht angewendet werden, damit durch das Schießen nicht dritte Personen verletzt werden, welche ohne Theilnahme an einer Kontravention sich zufällig in der Schußlinie oder in deren Nähe befinden. In dieser Hinsicht ist besonders dann Aufmerksamkeit nöthig,

---

Zu Art. 2.
Vergl. Anm. 3 zu §. 1 des Gesetzes (oben No. 200).

wenn nach einer Richtung geschossen wird, wo sich eine Landstraße oder ein bewohntes Gebäude befindet. Auch ist der Gebrauch der Schußwaffe überhaupt in der Nähe von Gebäuden zur Verhütung von Feuersgefahr möglichst zu vermeiden.

216 Art. 5. Der pflichtmäßigen Erwägung und Entscheidung der Regierungen bleibt es überlassen, denjenigen Forst- und Jagdbeamten, von deren Persönlichkeit ein Mißbrauch der Waffen zu besorgen ist, den Gebrauch der Waffen überhaupt, oder der Schußwaffen, nach ihrem Ermessen zu untersagen. Eine gleiche Befugniß wird den Oberförstern in Betreff der ihnen untergebenen Forstschutz- und Jagdbeamten ertheilt. Sie müssen aber gleichzeitig der betreffenden Regierung hiervon Anzeige machen, ihr Verfahren gehörig begründen und deren weitere Bestimmung über die Dauer dieser Maßregel einholen.

Besondere Bestimmungen zum §. 1 des Gesetzes.

217 Art. 6. Zum Zwecke der Abwehrung eines Angriffes und der Ueberwindung eines thätlichen Widerstandes findet der Gebrauch der Waffen statt, ohne Unterschied, ob der Vorfall bei Tage oder zur Nachtzeit sich ereignet.

218 Art. 7. Wenn wegen Bedrohung mit einem Angriff von den Waffen Gebrauch gemacht werden soll, so muß die Bedrohung von der Art und von solchen Umständen begleitet sein, daß an ihrer Ausführung zu zweifeln, kein besonderer Grund obwaltet, und von der Schußwaffe darf überhaupt nur dann Gebrauch gemacht werden, wenn der Angriff oder die Widersetzlichkeit mit Waffen, Aexten und Knitteln oder andern gefährlichen Werkzeugen, oder aber von einer Mehrheit, welche stärker ist, als die Zahl der zur Stelle anwesenden Forst- oder Jagdbeamten, unternommen oder angedroht wird.

219 Art. 8. Beleidigungen ohne thätliche Widersetzlichkeit oder ohne gefährliche Drohungen berechtigen nicht zum Waffengebrauch. Beamte, welche durch ungebührliches Betragen zu Widersetzlichkeiten selbst Anlaß geben, und in Folge hiervon sich der Waffen bedienen, haben nach Maßgabe des Grades ihrer Verschuldung und ihrer Folgen gesetzliche Ahndung nach den Vorschriften des Allg. Land-Rechts Th. II Tit. 20 §§. 797. 800. 806. 815 u. 816 zu gewärtigen. (In der Rheinprovinz nach dem Code penal Art. 295 ff.)

Zu Art. 8.
An Stelle der hier noch allegirten Vorschriften aus Tit. 20 Th. II Allg. Land-Rechts sind jetzt die entsprechenden §§. 316. 194. 196. 175—177 Str.-Ges.-B. getreten. S. dieselben in der Anm. zu §. 11 des Gesetzes (oben No. 210).

Zum §. 2 des Gesetzes.

Art. 9. Die Forst- und Jagdbeamten müssen, um sich der Waffen bedienen zu können, entweder in Uniform, wenigstens in den Uniforms-Oberrock mit Dienstknöpfen gekleidet, oder doch mit dem Hirschfänger an dem vorgeschriebenen Koppel versehen sein. 220

Zum §. 3 des Gesetzes.

Art. 10. Die Forst- und Jagdbeamten haben, so oft sie von den Waffen Gebrauch gemacht haben, selbst dann, wenn eine Verletzung unzweifelhaft nicht erfolgt ist, dies ihrem unmittelbaren Vorgesetzten, und zwar der Oberförster dem betreffenden Forst-Inspektor oder dessen Stellvertreter, die Unterbeamten dagegen dem betreffenden Oberförster, sofort schriftlich oder zu Protokoll anzuzeigen, damit dieser in den Stand gesetzt werde, geeigneten Falls zu untersuchen, ob Veranlassung zum Gebrauch der Waffen vorhanden gewesen, und die Vorschriften der gegenwärtigen Instruktion gehörig beobachtet worden sind. 221

Art. 11. Die Verbindlichkeit der Forst- und Jagdbeamten, dem Verletzten Beistand zu leisten, erstreckt sich auf alle Fälle, ohne Unterschied, ob die Verletzung durch Anwendung der Schußwaffe oder auf andere Art zugefügt worden ist. Bis dahin, daß die sogleich zu benachrichtigende Polizeibehörde die Sorge für den Verletzten übernommen hat, müssen die Forst- und Jagdbeamten denselben verpflegen und bewachen. Hat ein einzelner Forst- oder Jagdbeamter Gebrauch von den Waffen machen müssen, und dabei den Gegner verwundet, so muß er den letztern, soweit es ohne Gefahr für seine Person geschehen kann, dahin geleiten, wo er Pflege und Bewachung findet, oder hierzu Hülfe herbeiholen, die Polizeibehörde aber, sobald für den Verwundeten gesorgt ist, demnächst ohne den geringsten Verzug von dem Vorfalle benachrichtigen und seiner vorgesetzten Behörde die durch den Art. 10 vorgeschriebene Meldung machen. 222

Zum §. 4 des Gesetzes.

Art. 12. Unter dem im §. 4 beregten Ober-Forstbeamten ist der nächste Vorgesetzte des betreffenden Forst- und Jagdbeamten zu verstehen, und es hat sich daher, sofern die Verwundung durch einen Schutzbeamten geschehen, der Oberförster, wenn es durch den Oberförster geschehen, der Forst-Inspektor, und sofern etwa dieser in die 223

Zu Art. 9.
Außerdem genügt auch der Adler an der Mütze und Hirschfänger an beliebiger Koppel. Vergl. Anm. zu §. 2 des Gesetzes (oben No. 201).

234 §. 9. Sofern gegen die in dieser Art benannten Personen sich in irgend einer Art erhebliche Bedenken herausstellen, ist die Polizeibehörde befugt, denselben den Gebrauch der Waffen zu untersagen.

235 §. 10. Die Kommunal- und Privat-Forst- und Jagdoffizianten müssen in dem Augenblick, wo sie sich der Waffen bedienen, entweder mit einer Dienstkleidung, die ihre Bestimmung hinlänglich erkennen läßt, oder mit einem Abzeichen versehen sein, welches letztere nur in einem metallenen Schilde von wenigstens 3 Zoll Breite und Höhe mit einer in oben erwähnter Art der Polizeibehörde namhaft zu machenden Bezeichnung bestehen, und entweder an der Kopfbedeckung, auf der Brust, oder dem Oberarm, oder auch an der Koppel des Hirschfängers getragen werden kann.

236 §. 11. Erinnerungen der Polizeibehörde gegen die Zulässigkeit oder Zweckmäßigkeit der gewählten Dienstkleidungen oder Abzeichen haben die Waldeigenthümer und Jagdberechtigten zu berücksichtigen. Findet sich bei derselben nichts zu erinnern, so ist deren Beschreibung in denjenigen Polizeibezirken, wo die betreffenden Forst- oder Jagdreviere belegen, von der Orts-Polizeibehörde öffentlich bekannt zu machen.

237 §. 12. So oft ein Forst- oder Jagdoffiziant von den Waffen Gebrauch gemacht hat, auch wenn eine Verletzung unzweifelhaft nicht erfolgte, ist derselbe verpflichtet, unverzüglich der Orts-Polizeibehörde und demnächst seiner Dienstherrschaft, sofern aber der Sitz der erstern von dem Orte, wo der Vorfall sich ereignet, entfernter sein sollte, als die Wohnung der letztern, zuerst dieser davon Anzeige zu machen. Die Orts-Polizeibehörde hat hierauf sofort dem Landrath des Kreises Bericht zu erstatten, damit derselbe dasjenige, was ihm nach §§. 4 und 5 des Gesetzes obliegt, wahrnehmen kann.

238 §. 13. Wenn eine Verletzung vorgefallen ist, so sind die Forst- oder Jagdoffizianten, es mögen nun ihrer mehrere oder ein einzelner zur Stelle sein, schuldig, den Verwundeten dahin zu geleiten, wo er ärztliche Hülfe, Pflege und Bewachung findet, und, wenn sie hierzu allein nicht im Stande sind oder solches für sie mit Gefahr verknüpft sein würde, dazu Hülfe herbeizuholen, demnächst aber ohne allen Verzug der Orts-Polizeibehörde davon Anzeige zu machen. Bis dahin, daß die Orts-Polizeibehörde die Sorge für den Verwundeten übernommen hat, liegt dieselbe dem betreffenden Forst- oder Jagdoffizianten, und beziehungsweise dessen Dienstherrschaft ob.

Berlin, den 21. November 1837.

Der Minister des Innern und der Polizei.

v. Rochow.

b. Gesetz über die Strafe der Widersetzlichkeit bei Forst- und Jagdverbrechen. Vom 31. März 1837 (Ges.-S. S. 67).*)

Wir Friedrich Wilhelm ꝛc. Zum persönlichen Schutze Unserer Forst- und Jagdbeamten, der Waldeigenthümer, der Forst- und Jagdberechtigten, und der von ihnen bestellten Aufseher, verordnen Wir, auf den Antrag Unseres Staatsministeriums und nach erfordertem Gutachten Unseres Staatsraths, für den ganzen Umfang Unserer Monarchie, mit Ausschluß derjenigen Landestheile, in welchen das französische Recht gilt, wie folgt:

§. 1. Jede gegen einen Unserer Forst- und Jagdbeamten, einen 239
Waldeigenthümer, Forst- und Jagdberechtigten, oder die von diesen bestellten Aufseher in Ausübung ihres Amtes oder ihres Rechts, namentlich auch bei Pfändungen, ohne Gewalt an der Person verübte thätliche Widersetzlichkeit soll, außer der durch den Eingriff in das Eigenthum oder die Uebertretung der Forstpolizeigesetze verwirkten Strafe, mit Gefängnißstrafe von acht Tagen bis zu drei Monaten belegt werden.

§. 2. Drohungen mit Schießgewehr, Aexten oder andern gefähr- 240
lichen Werkzeugen ziehen Arbeits- oder Zuchthausstrafe von drei Monaten bis zu zwei Jahren nach sich.

§. 3. Ist die Widersetzlichkeit mit Gewalt an der Person ver- 241
bunden gewesen, so wird der Thäter auf drei Monate bis vier Jahre in ein Arbeits- oder Zuchthaus eingesperrt.

---

*) Arbeits- und Festungsstrafe, wie sie das Gesetz mehrfach androht, existiren seit dem Strafgesetzbuch überhaupt nicht mehr und Zuchthausstrafe nicht unter einer Dauer von 2 Jahren. Statt dieser Strafen ist jetzt da, wo im höchsten Maße eine mehr als fünfjährige Strafdauer angedroht ist (§§. 4. 5), auf Zuchthaus, in den andern Fällen (§§. 1—3) dagegen nur auf Gefängniß zu erkennen (Art. IX. X des Einführ.-Ges. zum Str.-Ges.-B.).

Zu §. 1—4.

1) Das Ober-Tribunal ging ursprünglich von der Ansicht aus, daß das Gesetz nur da Anwendung finde, wo die Widersetzlichkeit innerhalb des Forstes stattgefunden habe. Dies führte jedoch zu Inkonsequenzen, weshalb man gegenwärtig das Gesetz auch da anwendet, wenn die im Walde begonnene Verfolgung eines bei oder nach der That betroffenen Frevlers über die Waldesgrenze hinaus fortgesetzt und hier eine Widersetzlichkeit verübt wird. Nur muß die durch diese Widersetzlichkeit betroffene Amtshandlung mit dem ersten Einschreiten des Försters im Walde in einem solchen Zusammenhange stehen, daß beide als Theile eines und desselben zusammenhängenden Ereignisses erscheinen.

Abgesehen von diesem Falle der Verfolgung eines noch im Walde betroffenen und von dort aus verfolgten Frevlers sind Widersetzlichkeiten außerhalb des Forstes event. nur nach §. 89 Str.-Ges.-B. (unten No. 250) oder nach §. 192 daselbst (unten No. 253) zu ahnden.

2) Das vorliegende Gesetz ist nicht auf die Beamten beschränkt, denen die Befugniß zum Waffengebrauch beigelegt ist. Es erstreckt sich vielmehr neben dem Waldeigenthümer selbst auf alle Personen, die im Staats-, Kommunal- oder Privatdienste mit der Forst- oder Jagdaufsicht betraut sind, ohne Rücksicht darauf, ob sie sonst

242 §. 4. Ist eine körperliche Beschädigung erfolgt, so hat der Verbrecher nach Beschaffenheit der Umstände zwei- bis zwanzigjährige Arbeits-, Zuchthaus- oder Festungsstrafe verwirkt.

243 §. 5. Ist eine der vorstehend (§§. 1—4) bezeichneten Widersetzlichkeiten von zwei oder mehreren Personen gemeinschaftlich verübt, so soll die darauf angedrohte Freiheitsstrafe um ein Viertel bis zur Hälfte ihrer Dauer verschärft werden.

244 §. 6. War aber die gemeinschaftliche Verübung des Verbrechens von den Theilnehmern vorher verabredet worden, so tritt nicht nur die im §. 5 bestimmte Strafschärfung ein, sondern es ist dann auch jeder der Theilnehmer, welcher auf irgend eine Weise vor, bei oder nach der Ausführung dazu mitgewirkt hat, als Miturheber des verabredeten Verbrechens zu betrachten.

245 §. 7. Bei der Untersuchung der vorstehend (§§. 1—6) aufgeführten Vergehen soll denjenigen Forstbeamten, welchen nach der Verordnung vom 7. Juni 1821 volle Beweiskraft beigelegt ist, aus dem Grunde allein, weil sie als Denunzianten oder Damnifikaten aufgetreten sind, noch nicht die Eigenschaft eines vollgültigen Zeugen abgesprochen werden.

246 §. 8. Dagegen sind diejenigen Personen, welche wegen Widersetzlichkeit gegen Forstbeamte und Berechtigte, sowie wegen Wilddiebstahls bereits bestraft, oder wegen Holzdiebstahls mit einer Kriminalstrafe belegt sind, als unverdächtige Zeugen nicht anzusehen.

247 §. 9. Der Versuch einer Tödtung soll nach dem Grade des Fortschritts der That zur Vollendung, den allgemeinen Strafgesetzen gemäß, mit Zuchthaus- oder Festungsstrafe selbst bis auf Lebenszeit belegt werden.

248 §. 10. Derjenige, welcher auf einen Beamten, Berechtigten oder Aufseher schießt, hat die Vermuthung gegen sich, daß er die Absicht zu tödten gehabt, und wird mit der Strafe des versuchten Todtschlags oder Mordes belegt, wenn auch keine Verletzung erfolgt ist.

---

als Beamte anzusehen und ob sie vereidet sind, oder nicht. Daß es hier nicht auf eine Vereidung ankommt, ergiebt sich schon aus der Herbeiziehung des Waldeigenthümers und sonstiger Berechtigten, bei denen ja von einer Vereidung überall nicht die Rede ist. Nur muß die Qualität des Berechtigten oder Aufsehers als solchen dem Thäter bekannt oder erkennbar gewesen sein.

Zu §§. 7 u. 8.

1) An Stelle der im §. 7 erwähnten Verordnung vom 7. Juni 1821 ist auch hier jetzt das Gesetz vom 2. Juni 1852 §§. 31—33 (oben No. 69—71) getreten.

2) Für den Beweis sind jetzt nicht mehr die §§. 7 und 8, sondern der §. 22 der Verordnung vom 3. Januar 1849 (unten No. 278) maßgebend.

§. 11. Im Falle einer ausgeführten Tödtung tritt nach den näheren Bestimmungen der allgemeinen Strafgesetze die Todesstrafe ein. 249

Urkundlich ꝛc. Gegeben Berlin, den 31. März 1837.

Friedrich Wilhelm.

---

c. Bestimmungen aus dem Strafgesetzbuche vom 14. April 1851.

Widerstand gegen die Staatsgewalt.

§. 89. Wer einen Beamten, welcher zur Vollstreckung der Gesetze, oder der Befehle und Verordnungen der Verwaltungsbehörden, oder der Urtheile und Verordnungen der Gerichte berufen ist, während der Vornahme einer Amtshandlung angreift, oder demselben durch Gewalt oder Drohung Widerstand leistet, wird mit Gefängniß von vierzehn Tagen bis zu zwei Jahren bestraft. 250

Zu §. 89.

1) Dieser §. und der §. 192 (unten No. 253) kommen bei Angriffen oder Widersetzlichkeiten gegen Forstbeamte nur in den Fällen zur Anwendung, wo nicht das vorstehende Gesetz vom 31. März 1837 Platz greift, also namentlich dann, wenn der betreffende Vorfall sich außerhalb des Forstes zugetragen hat. Vergl. Anm. zu §§. 1 u. 2 des gedachten Gesetzes (No. 239. 240).

2) Beamten-Qualität. Forstschutzbeamte sind vollziehende Beamten, wie sie der §. 89 voraussetzt. Aber nicht alle Mitglieder des Forstschutz-Personals sind überhaupt Beamte im Sinne des Str.-Ges.-B. Unbedingte Beamten-Qualität haben nur diejenigen, welche in Staats- oder Gemeindediensten stehen, und zwar ohne Rücksicht darauf, ob sie vereidet und auf Lebenszeit angestellt sind oder nicht, ob ihre Anstellung definitiv oder nur provisorisch ist. Dagegen sind die von einem Privatwaldbesitzer mit dem Forstschutze beauftragten Personen nicht ohne Weiteres Beamte, wenn sie auch innerhalb ihres Reviers durch das vorstehende Gesetz vom 31. März 1837 andern Dienstzweigen gegenüber einen bevorzugten Schutz genießen. Vielmehr ist ihnen die Qualität öffentlicher Beamten und der Schutz, welchen das Strafgesetzbuch damit verbindet, nur dann beizulegen, wenn sie gemäß §§. 32. 33 des Holzdiebst.-Ges. unter staatlicher Autorität vereidet und dadurch mit einem publizistischen Charakter bekleidet sind.

Amtshandlung.

3) Eine Amtshandlung ist überall da anzunehmen, wo ein Beamter in der äußerlich erkennbaren Absicht, Pflichten zu erfüllen, welche ihm sein Amt auferlegt, oder mit demselben verknüpfte Rechte auszuüben, solche Handlungen vornimmt, welche an sich innerhalb seiner Amtsbefugnisse liegen.

4) Ein Versehen oder eine Ungesetzlichkeit, deren sich der Beamte bei Vornahme einer an sich zu seinem Amtsberufe gehörigen Handlung schuldig macht, entzieht der letztern noch nicht die Eigenschaft einer Amtshandlung und macht den Widerstand dagegen nicht straflos. Der Beamte ist für eine Ueberschreitung seiner Befugnisse nur seiner vorgesetzten Behörde verantwortlich, nicht aber darf sich der Einzelne, gegen welchen eingeschritten wird, zum Richter über das Verfahren des Beamten aufwerfen. Nur wenn die Handlung überhaupt gar nicht in den Amtsbefugnissen des Beamten lag, oder das dabei begangene Versehen so erheblich ist, daß dadurch der amtliche Charakter ganz in den Hintergrund tritt, hat der Beamte auf den Schutz des §. 89 keinen Anspruch. Darauf gründen sich insbesondere folgende einzelne Entscheidungen des Ober-Tribunals:

5) Eine von einem Förster vorgenommene Pfändung sei nicht als eine Amtshandlung im Sinne der §§. 89. 192 Str.-Ges.-B. anzusehen, wenn sie weder als Be-

Dieselbe Strafe tritt ein, wenn der Angriff oder die Widersetzlichkeit gegen Personen, welche zur Beihülfe des Beamten zugezogen waren, oder gegen Mannschaften des Militärs oder einer Gemeinde-, Schutz- und Bürgerwehr in Ausübung des Dienstes erfolgt.

251 §. 90. Wer eine Behörde oder einen Beamten durch Gewalt oder Drohungen zwingt oder zu zwingen versucht, eine Amtshandlung vorzunehmen oder zu unterlassen, wird mit Gefängniß nicht unter drei Monaten bestraft.

Beleidigung von Beamten rc.

252 §. 102. Wer durch Wort, Schrift, Druck, Zeichen, bildliche oder

---

schlagnahme von Ueberführungsstücken zur strafrechtlichen Verfolgung ausgeführt sei, noch die Voraussetzungen einer Pfändung im eigentlichen Sinne (oben No. 195. 196) vorgelegen hätten.

6) Dasselbe gelte von der durch einen Forstbeamten ohne Beobachtung der durch das Gesetz vom 12. Februar 1850 §. 11 (oben No. 191) vorgeschriebenen Förmlichkeiten bewirkten Haussuchung. —

7) Dagegen hört die Handlung eines Beamten dadurch, daß er außerhalb des ihm angewiesenen Bezirks thätig ist, nicht auf eine Amtshandlung zu sein. Namentlich genießt ein Förster auch dann amtlichen Schutz, wenn er außerhalb seines Reviers in der Ermittelung oder Verfolgung eines Forstfrevlers begriffen ist. So hat das Ober-Tribunal ausdrücklich angenommen:

8) Ein Forstbeamter, selbst ein Privatförster, könne auch dann zur Pfändung schreiten, wenn er außerhalb des seiner Aufsicht anvertrauten Waldes einen Andern mit einer Holzladung unter Umständen antreffe, die auf einen in jenem Walde begangenen Holzfrevel schließen lassen. Umsomehr sei derselbe als in amtlicher Eigenschaft thätig dann anzusehen, wenn er eine gleich nach stattgefundener Holzentwendung begonnene Verfolgung des Thäters bis über die Grenzen des betreffenden Reviers fortsetze, und an einem unter einer andern Polizeiverwaltung stehenden Orte die Beschlagnahme des gefrevelten Holzes zu bewirken suche. Vergl. hierzu oben No. 179, Anm. 3 zu §. 1 des Ges. über den Waffengebrauch (No. 200) u. Anm. 1 zu §§. 1–4 des Ges. über die Bestrafung der Widersetzlichkeiten bei Forst- und Jagdverbrechen (No. 239 ff.).

9) Der Charakter der Amtshandlung ist von Aeußerlichkeiten, unter welchen der Beamte auftritt, z. B. seiner Kleidung, hier nicht abhängig, vorausgesetzt nur, daß der Beamte in dieser seiner Qualität dem Thäter sonst bekannt war.

Zu §. 90.

1) Ueber Beamten-Qualität und Amtshandlung vergl. Anm. 2 ff. zu vorstehendem §. 89.

2) Wenn der Zwang die Unterlassung einer Amtshandlung bezweckt, kann unter Umständen auch der §. 89 zutreffen. Der letztere ist jedoch insofern enger gefaßt, als er sich nur auf Exekutivbeamte bezieht, und nur da Platz greift, wo Gewalt oder Drohung während der Vornahme einer Amtshandlung und in Form eines gegen die letztere gerichteten Widerstandes verübt sind. Liegen diese Erfordernisse nicht vor, so kann nur §. 90 zur Anwendung kommen.

Zu §. 102.

1) Auch im Sinne dieses §. ist die Beamtenqualität nicht auf Königliche und Gemeindeförster eingeschränkt. Vielmehr sind auch hier die von einem Privatwaldbesitzer zum Forstschutze angestellten Personen, wenn sie gemäß §§. 32. 33 des Holzdiebst. Ges. vereidet sind, als öffentliche Beamte anzusehen.

2) Dagegen nimmt das Ober-Tribunal an, daß Forstlehrlinge, d. h. solche Personen, die mit Genehmigung der Oberforstbeamten sich bei den Oberförstern oder Förstern Behufs der Ausbildung zum Forstdienste aufhalten, in persönlicher Hinsicht nicht als Beamte anzusehen seien.

andere Darstellung eine der beiden Kammern, ein Mitglied der beiden Kammern, eine andere politische Körperschaft, eine öffentliche Behörde, einen öffentlichen Beamten, einen Religionsdiener, ein Mitglied der bewaffneten Macht, einen Geschwornen, einen Zeugen oder Sachverständigen, während sie in der Ausübung ihres Berufes begriffen sind, oder in Beziehung auf ihren Beruf beleidigt, wird mit Gefängniß von einer Woche bis zu einem Jahre bestraft.

Hat die Beleidigung den Charakter der Verleumdung, so ist die Strafe Gefängniß von vierzehn Tagen bis zu achtzehn Monaten, und wenn die Verleumdung öffentlich begangen wurde, Gefängniß von einem Monate bis zu zwei Jahren.

Wird festgestellt, daß mildernde Umstände vorhanden sind, so kann in allen Fällen die Strafe auf Geldbuße von zehn bis zu dreihundert Thalern bestimmt werden.

Mißhandlung von Beamten 2c.

§. 192. Wer gegen ein Mitglied der Kammern, einer andern politischen Körperschaft oder einer öffentlichen Behörde, einen öffentlichen Beamten, einen Religionsdiener, ein Mitglied der bewaffneten Macht, einen Geschwornen, einen Zeugen oder Sachverständigen, während sie in der Ausübung ihres Berufs begriffen sind, oder in Beziehung auf ihren Beruf einer vorsätzlichen Mißhandlung oder Körperverletzung sich schuldig macht, wird mit Gefängniß von vier Wochen bis zu drei Jahren bestraft. 253

---

3) Wann ein Forstschutzbeamter als in Ausübung seines Berufs begriffen anzusehen ist, darüber vergl. Anm. 3—9 zu dem vorstehenden §. 89 (No. 250).

Zu §. 192.

1) Ueber Beamten-Qualität und Ausübung des Berufs s. auch hier Anm. 2 ff. zu §. 89 (No. 250).

2) Der §. 192 bezieht sich nur auf einfache leichte Mißhandlungen, die einem Beamten 2c. zugefügt sind. Hat die Mißhandlung erhebliche oder schwere Folgen gehabt oder gar den Tod herbeigeführt, so kommen, ohne Rücksicht auf die Beamten-Qualität des Damnifikaten, die allgemeinen Vorschriften der §§. 192a. 193. 194 Str.-Ges.-B. zur Anwendung. Ebenso greifen natürlich, wenn die Absicht des Thäters auf den Tod des Gemißhandelten gerichtet war, die allgemeinen Bestimmungen über Todtschlag oder Mord (§§. 175 ff. Str.-Ges.-B.) Platz.

Zweiter Theil.
Bestimmungen über das Strafverfahren.*)

I. Allgemeine Bestimmungen.

1. Zuständigkeit der Gerichte.

Einführungs-Gesetz zum Strafgesetzbuch vom 14. April 1851:

254 Art. XIII. In den Landestheilen, in welchen die Verordnung über die Einführung des mündlichen und öffentlichen Verfahrens vom 3. Januar 1849 Gesetzeskraft hat, [1]) erfolgt die Untersuchung und Entscheidung:

in Ansehung der Uebertretungen: [2])
durch Einzelrichter;
in Ansehung der Vergehen:
durch Gerichtsabtheilungen, welche aus drei Mitgliedern bestehen;
in Ansehung der Verbrechen:
durch die Schwurgerichtshöfe.

Zusatz. Gesetz vom 14. April 1856 (Ges.-S. S. 208):

255 Art. I. Die Bestimmungen über die Kompetenz der Gerichte im Artikel XIII des Gesetzes vom 14. April 1851 über die Einführung des Strafgesetzbuchs werden dahin abgeändert:

§. 1. Die Untersuchung und Entscheidung der nachbenannten Vergehen erfolgt durch Einzelrichter:

4) der Fischerei- und einfachen Jagdvergehen (§§. 273. 274 und 275 Str.-Ges.-B.).

§. 2. Für das Verfahren in den Fällen des §. 1 kommen die Bestimmungen in den §§. 28—35 und 37 der Verordn. vom 3. Januar 1849 (unten No. 292 ff.) zur Anwendung. [3])

*) Es lag selbstverständlich nicht im Zwecke dieses Werkchens, eine Uebersicht des gesammten Strafverfahrens zu geben. Vielmehr handelt es sich nur um die Bestimmungen, welche der Forstmann zu kennen nöthig hat. Von diesem Gesichtspunkte aus sind, als Anhalt für diejenigen Forstbeamten, die zugleich Polizeianwalte sind, vollständig nur die Vorschriften über das Verfahren vor dem Einzelrichter aufgenommen worden. Im Uebrigen genügt ein allgemeiner Fingerzeig, wonach der Forstmann im Einzelfalle beurtheilen kann, an welche Behörde er seine Anzeigen zu richten hat.

[1]) Die Verordnung vom 3. Januar 1849 gilt in der ganzen Monarchie, ausgenommen im Bezirke des Appellationsgerichtshofes zu Köln.

[2]) Ueber die Begriffe von Uebertretung, Vergehen und Verbrechen s. oben No. 5 u. 6.

[3]) Es ist also in diesen Fällen das Mandatsverfahren ausgeschlossen.

In Ansehung der Rechtsmittel gelten die für Vergehen bestehenden Vorschriften.

Art. XIV. Im Bezirke des Rheinischen Appellationsgerichtshofes erfolgt die Untersuchung und Entscheidung: 256

in Ansehung der Uebertretungen:
durch die Polizeigerichte;
in Ansehung der Vergehen:
durch die Zuchtpolizei-Kammern der Landgerichte;
in Ansehung der Verbrechen:
durch die Schwurgerichtshöfe.

Art. XX. Soweit durch besondere Gesetze über Materien, hinsichtlich welcher das Strafgesetzbuch nichts bestimmt, eine über die gegenwärtigen Grenzen der Polizeistrafen (§§. 333. 334. 335 Str.-Ges.-B., oben No. 32—34) hinausgehende Strafe angeordnet und den Polizeigerichten eine höhere Kompetenz beigelegt ist, behält es dabei sein Bewenden. Jedoch sind von der Kompetenz der Polizeirichter die Fälle ausgeschlossen, in welchen nach den bisherigen besondern Gesetzen auf den Verlust von Aemtern, oder auf den Verlust des Rechts zum Gewerbebetriebe für immer oder auf Zeit, oder auf Stellung unter Polizei-Aufsicht zu erkennen ist. Diese Fälle sind als Vergehen zu behandeln. 257

Zusatz. Unter den vorstehenden Art. XX fallen namentlich auch die Holzdiebstahls-Sachen, insofern die durch das Gesetz vom 7. Juni 1821 begründete Kompetenz des Einzelrichters auch für solche Fälle, wo die Strafe über 50 Thaler hinausging, durch den Art. XX aufrecht erhalten wurde. Diese Kompetenz ist alsdann durch das neue Holzdiebstahls-Gesetz vom 2. Juni 1852 §. 24 (oben No. 62) nochmals ausdrücklich bestätigt worden. 258

Art. XXI. Konnexe strafbare Handlungen können zur gleichzeitigen Untersuchung und Entscheidung vor das Gericht gebracht werden, welches kompetent ist, die schwerste der für jene Handlungen angedrohten Strafen auszusprechen.[4]) 259

Art. XXII. Konnexität ist insbesondere vorhanden: 260

1) wenn die nämliche Person verschiedener strafbarer Handlungen beschuldigt wird,
2) wenn verschiedene Personen als Urheber, Theilnehmer oder

[4]) Es können hiernach vor das Schwurgericht gleichzeitig auch Vergehen und Uebertretungen, vor die Abtheilungen gleichzeitig auch Uebertretungen mit gebracht werden, nicht aber umgekehrt.

ordnung vom 3. Januar 1849 ernannt werden können, wenn sie sich sonst dazu eignen.

In Erwägung, daß in den Forstrevieren andere Uebertretungen als Forst- und Jagdpolizei-Kontraventionen, neben den Diebstählen an Holz und andern Waldprodukten selten vorkommen werden, wird daher der von dem Präsidium beabsichtigte Zweck erreicht, und das Bedenken des dortigen Ober-Staatsanwalts zugleich erledigt werden, wenn die verwaltenden Forstbeamten zu Polizeianwalten nicht bloß in Betreff der Holzdiebstähle, sondern auch für alle andern in ihren Revieren begangenen Uebertretungen bestellt werden; die desfallsige gesetzliche Befugniß ist auch in dem Art. 120 des Gesetzes vom 3. Mai 1852 und §. 28 der Verordnung vom 3. Januar 1849 begründet.

Berlin, den 12. Februar 1853.

Der Justiz-Minister. Der Minister des Innern.
Der Finanz-Minister.

4. Beweis und Urtel.

Verordnung vom 3. Januar 1849 (Ges.-S. S. 14):

278 §. 22. Die bestehenden gesetzlichen Vorschriften über das Verfahren bei Aufnahme der Beweise, insbesondere auch darüber, welche Personen als Zeugen vernommen und vereidet werden dürfen, bleiben ferner maßgebend.

Dagegen treten die bisherigen positiven Regeln über die Wirkungen der Beweise außer Anwendung. Der erkennende Richter hat fortan unter genauer Prüfung aller Beweise für die Anklage und Vertheidigung nach seiner freien, aus dem Inbegriffe der vor ihm erfolgten Verhandlungen geschöpften Ueberzeugung zu entscheiden, ob der Angeklagte schuldig oder nichtschuldig sei. Er ist aber verpflichtet, die Gründe, welche ihn dabei geleitet haben, in dem Urtheile anzugeben.

Auf vorläufige Lossprechung (Freisprechung von der Instanz) soll nicht mehr erkannt werden.

(Eine Ausnahme von dem vorstehenden Grundsatze bildet die im §. 31 des Ges. vom 2. Juni 1852 (oben No. 69) enthaltene positive Beweisregel, wonach die Angaben der ein für allemal vereideten Forstschutzbeamten in Holzdiebstahls-Sachen unbedingte Beweiskraft bis zum Gegenbeweise haben.)

279 §. 23. Der für schuldig Erklärte ist zur vollen gesetzlichen Strafe zu verurtheilen.

Gesetz vom 3. Mai 1852 (Ges.-S. S. 209).

Art. 31 Das Urtheil muß hervorheben, welche derjenigen Thatsachen, die zu den wesentlichen Merkmalen der den Gegenstand der Entscheidung bildenden strafbaren Handlung gehören, für erwiesen, oder für nicht erwiesen zu erachten seien. Dieses gilt insbesondere auch von solchen Umständen, welche nach Vorschrift des Gesetzes die Strafe ausschließen, mildern oder erschweren, wenn ein Antrag der Staatsanwaltschaft oder des Angeklagten die Berücksichtigung derselben verlangt hat. 280

Die Thatsachen und Beweismittel, auf Grund deren jener Beweis als geführt oder als nicht geführt angenommen worden ist, sind in den Entscheidungsgründen anzugeben.

II. Besondere Bestimmungen über das Verfahren vor dem Einzelrichter.

A. Das ordentliche Verfahren.

1. Einleitende Bestimmungen.

Gesetz vom 3. Mai 1852 (Ges.-S. S. 209):

Art. 120. Die Untersuchung und Entscheidung erster Instanz in Ansehung der Uebertretungen und der nach Art. XX des Einführungsgesetzes zum Strafgesetzbuch (oben No. 257) zur Kompetenz der Polizeirichter gewiesenen strafbaren Handlungen erfolgt durch Einzelrichter (Polizeirichter). Bei der Hauptverhandlung ist ein Gerichtsschreiber zuzuziehen. 281

Wegen Verwaltung der Geschäfte der Staatsanwaltschaft kommen die Bestimmungen des §. 28 der Verordnung (oben No. 275) zur Anwendung.

Art. 121. Uebertretungen derselben Art können, auch wenn sie verschiedenen Personen zur Last gelegt werden, in einer einzigen Anklageschrift zusammengefaßt werden. 282

2. Das Mandatsverfahren.

Dasselbe Gesetz:

Art. 122. Wenn weder der Beschuldigte vorgeführt wird, noch die Verhaftung desselben erforderlich ist, so kann der Polizeianwalt bei dem Polizeirichter den Antrag stellen, daß die verwirkte Strafe ohne vorgängige Hauptverhandlung durch eine Strafverfügung festgesetzt werde. 283

Dieser Antrag muß die Angabe der Thatsachen, durch welche die Uebertretung begangen sein soll, die dafür vorhandenen Beweise, sowie die Anführung der anzuwendenden Strafvorschrift enthalten, und auf eine bestimmte, nach Art und Höhe zu bezeichnende Strafe gerichtet sein.

84 Zusatz 1. In Holzdiebstahls-Sachen ist das Mandatsverfahren ausgeschlossen. Ges. vom 2. Juni 1852 §. 29 (oben No. 67).

85 Zusatz 2. Ebenso, wenn der Polizeiverwalter eine polizeiliche Strafverfügung erlassen und der Beschuldigte dagegen auf gerichtliche Entscheidung provozirt hat. Ges. vom 14. Mai 1852 §. 6 (unten No. 306).

86 Art. 123. Der Polizeirichter hat, wenn nicht besondere Bedenken entgegenstehen, die von ihm für angemessen erachtete Strafe durch Verfügung festzusetzen.

Ist die festgesetzte Strafe geringer oder anderer Art, als die beantragte, so wird die Strafverfügung zunächst dem Polizeianwalte mitgetheilt und erst dann nach Art. 124 dem Beschuldigten zugestellt, wenn der Polizeianwalt nicht innerhalb drei Tagen nach der ihm gewordenen Mittheilung die Einleitung des mündlichen Verfahrens beantragt.

87 Art. 124. Die Strafverfügung muß enthalten:

1) Die Beschaffenheit der Uebertretung, sowie die Zeit und den Ort derselben;
2) die dafür angegebenen Beweise;
3) die Festsetzung der Strafe und des Kostenpunktes, unter Anführung der Vorschrift, auf welche dieselbe sich gründet, und falls eine Geldbuße ausgesprochen ist, unter Bezeichnung der Kasse, an welche dieselbe gezahlt werden soll;
4) die Eröffnung, daß der Beschuldigte, wenn er sich durch die Strafverfügung beschwert finden sollte, innerhalb einer zehntägigen Frist, von dem Tage nach der Zustellung der Verfügung an gerechnet, seinen Einspruch dagegen bei dem Polizeirichter schriftlich oder zu Protokoll anzumelden, und zugleich die zu seiner Vertheidigung dienenden Beweismittel anzuzeigen habe; daß aber, falls in dieser Frist ein Einspruch nicht eingehe, die Strafverfügung Rechtskraft erlangen und gegen ihn vollstreckt werden würde.

Die Verfügung wird dem Beschuldigten in beglaubigter Form zugestellt.

88 Art. 125. Wenn in der zehntägigen Frist ein Einspruch nicht erhoben wird, so erlangt die Strafverfügung die Kraft eines vollstreckbaren Urtheils, wogegen ein weiteres Rechtsmittel nicht stattfindet, jedoch vorbehaltlich der Bestimmungen des Art. 130 (unten No. 372).

In dem entgegengesetzten Falle wird das Hauptverfahren eingeleitet, ohne daß es der Einreichung einer Anklageschrift bedarf, und ohne daß über die Eröffnung der Untersuchung Beschluß gefaßt wird.

Art. 126. Erscheint der Beschuldigte in dem zur Hauptverhand- 289
lung angesetzten Termine nicht, so wird der Einspruch durch Urtheil verworfen, ohne daß eine weitere Verhandlung stattfindet.

Art. 127. Wenn der Beschuldigte in dem angesetzten Termine 290
persönlich oder durch einen Vertreter erscheint, so wird in Gemäßheit des Art. 128 (No. 291) zur Hauptverhandlung geschritten. Der Polizeirichter ist befugt, auch auf eine andere Strafe zu erkennen, als in der Strafverfügung festgesetzt war.

3. Das Verfahren mit mündlicher Verhandlung.

Dasselbe Gesetz.

Art. 128. Wird eine Strafverfügung nicht erlassen, oder wird 291
derselben im Falle des letzten Absatzes des Art. 123 keine Folge gegeben, so findet das in den §§. 29—35 u. 37 der Verordnung vorgeschriebene Verfahren statt.

Verordnung vom 3. Januar 1849 (Gef.-S. S. 14):

§. 29. Die Anklage kann schriftlich oder mündlich angebracht 292
werden.

§. 30. Wird dem Richter beim Eingange der Anklage zugleich 293
der Angeklagte vorgeführt, und gesteht derselbe die ihm angeschuldigte That, oder sind die Beweismittel für die Anklage und Vertheidigung zur Hand, so hat der Richter in der Regel auf der Stelle die Untersuchung zu führen und das Urtheil zu fällen.

Ist der Angeklagte verhaftet, so muß dessen Vorführung beim Eingange der Anklage sofort geschehen.

§. 31. Kann im Falle des §. 30 das Urtheil nicht sogleich ge- 294
fällt werden, der Angeklagte ist aber verhaftet, so muß derselbe sogleich über die zu seiner Vertheidigung dienenden Beweismittel vernommen, und hierauf zum mündlichen Verfahren und zur Entscheidung der Sache ein möglichst naher Termin anberaumt werden, zu welchem die beiderseits über bestimmte Thatsachen vorgeschlagenen Zeugen vorzuladen sind, insofern der Richter die Umstände, über welche sie vorgeschlagen sind, für wesentlich erachtet.

§. 32. Kann der Angeklagte nicht sofort vorgeführt werden, so 295
ist derselbe zum mündlichen Verfahren durch eine schriftliche Verfügung vorzuladen, welche die Thatsachen des ihm angeschuldigten Vergehens angeben und die Aufforderung enthalten muß:

zur festgesetzten Stunde zu erscheinen und die zu seiner Vertheidigung dienenden Beweismittel mit zur Stelle zu bringen, oder solche dem Richter so zeitig vor dem Termine anzuzeigen, daß sie noch zu demselben herbeigeschafft werden können.

Zugleich ist dem Angeklagten die Warnung zu stellen:
daß im Falle seines Ausbleibens mit der Untersuchung und Entscheidung in contumaciam verfahren werden solle. (Ueber Holzdiebst.-Sachen s. unten No. 299.)

296 §. 33. Nur auf Grund bescheinigter erheblicher Hindernisse kann dem Antrage des Angeklagten auf Ansetzung eines neuen Termins stattgegeben werden.

297 §. 34. In dem Termine wird, nachdem die Anklage durch den Polizeianwalt vorgetragen und der Angeklagte darüber vernommen worden, mit der Beweisaufnahme, so weit dies erforderlich ist, verfahren, der Polizeianwalt mit seinen Anträgen, sowie der Angeklagte mit seiner Vertheidigung gehört, sodann aber das Urtheil gefällt und mit Gründen verkündet.

Der Richter ist jedoch befugt, die Fällung des Urtheils auszusetzen und einen Termin zur Fortsetzung des Verfahrens zu bestimmen.

298 §. 35. Erscheint der Angeklagte der gehörig erfolgten Vorladung ungeachtet in dem Termine nicht, oder verweigert er in demselben, über die Anklage sich zu erklären, so wird der Beweis aufgenommen, und nach Anhörung des Polizeianwalts, sowie des für den Angeklagten etwa aufgetretenen Vertheidigers das Urtheil gefällt und verkündet.

Dem ausgebliebenen Angeklagten ist das Urtheil in Ausfertigung zuzustellen.

299 Zusatz. In Holzdiebstahls-Sachen wird der ausgebliebene Angeklagte der ihm zur Last gelegten Thatsachen ohne Weiteres für geständig erachtet und demgemäß ohne Beweisaufnahme verurtheilt. Diese Verwarnung, nicht die oben im §. 32 gedachte, wird ihm auch bei der Vorladung gestellt. Ges. vom 2. Juni 1852 §. 29 (oben No. 67).

300 §. 37. Ueber den Hergang im Termine wird von einem vereideten Gerichtsschreiber ein Protokoll aufgenommen, welches den wesentlichen Inhalt der Erklärungen des Polizeianwalts, des Angeklagten und der Zeugen enthalten muß, und in welchem zugleich das abgefaßte Urtheil mit dessen Gründen niederzuschreiben ist. Der Richter und der Gerichtsschreiber haben dieses Protokoll zu vollziehen.

B. Außerordentliche Arten des Verfahrens.

1. Vorläufige Straffestsetzung durch die Polizeiverwalter.

Gesetz über die vorläufige Straffestsetzung wegen Uebertretungen für diejenigen Landestheile, in welchen die Verordnung vom 3. Januar 1849 über die Einführung des mündlichen und öffentlichen Verfahrens in Untersuchungs-Sachen Gesetzeskraft hat. Vom 14. Mai 1852 (Ges.-S. S. 245).

Wir Friedrich Wilhelm ꝛc. verordnen mit Zustimmung der Kammern, für diejenigen Landestheile, in welchen die Verordnung vom 3. Januar 1849 über die Einführung des mündlichen und öffentlichen Verfahrens in Untersuchungssachen Gesetzeskraft hat, [9]) was folgt: [10])

§. 1. Wer die Polizeiverwaltung in einem bestimmten Bezirke 301
auszuüben hat, ist befugt, wegen der in diesem Bezirke verübten, seinen Ressort betreffenden Uebertretungen die Strafe vorläufig durch Verfügung festzusetzen. Wird Geldbuße festgesetzt, so ist zugleich die für den Fall des Unvermögens des Verurtheilten in Gemäßheit des §. 335 Str.-Ges.-B. (oben No. 34) an die Stelle der Geldbuße tretende Gefängnißstrafe zu bestimmen.

Die vorläufig festzusetzende Strafe darf fünf Thaler Geldbuße oder dreitägiges Gefängniß nicht überschreiten. Erachtet der Polizeiverwalter eine höhere Strafe für gerechtfertigt, so muß die Verfolgung dem Polizeianwalte überlassen werden.

§. 2. In der §. 1 gedachten Verfügung muß angegeben sein: [11]) 302

a) die Beschaffenheit der Uebertretung, sowie die Zeit und der Ort ihrer Verübung;
b) die Straffestsetzung unter Anführung der Strafvorschrift, auf welche dieselbe sich gründet;
c) die Bedeutung, daß der Angeschuldigte, wenn er sich durch die Straffestsetzung beschwert findet, innerhalb einer zehntägigen Frist, vom Tage der Insinuation derselben an, bei dem Polizeiverwalter, dem Polizeirichter oder dem Polizeianwalte schriftlich oder zu Protokoll auf gerichtliche Entscheidung antragen könne, daß aber, falls in dieser Frist ein solcher Antrag nicht erfolge, die Strafverfügung gegen ihn vollstreckbar würde;
d) die Kasse, an welche die Geldbuße gezahlt werden soll.

---

[9]) Die Verordn. vom 3. Januar 1849 gilt bloß im Bezirke des Appellationsgerichtshofes zu Köln nicht.

[10]) Das zu diesem Gesetze erlassene Reglement vom 30. September 1852 s. unten No. 313 ff.

[11]) Das Formular zu den Straffestsetzungen s. unten No. 345 und 346.

303 §. 3. Diese Verfügung ist unter Beobachtung der für gerichtliche Insinuationen vorgeschriebenen Formen, wobei vereidete Verwaltungsbeamte den Glauben der Gerichtsboten haben, dem Angeschuldigten zu insinuiren.[12])

304 §. 4. Für dieses Verfahren sind weder Stempel noch Gebühren anzusetzen; die baaren Auslagen aber fallen dem Angeschuldigten in allen Fällen zur Last, in welchen endgültig eine Strafe gegen ihn festgesetzt wird.

305 §. 5. Gegen eine solche Strafverfügung (§. 1) findet die Beschwerde bei der vorgesetzten Behörde nicht statt; es steht aber dem Angeschuldigten frei, innerhalb zehn Tagen, vom Tage der Insinuation der Verfügung an, bei dem Polizeiverwalter, dem Polizeirichter oder dem Polizeianwalte auf gerichtliche Entscheidung anzutragen. Ist dieser Antrag bei dem Polizeirichter oder bei dem Polizeianwalte gemacht worden, so haben diese hiervon den Polizeiverwalter, welcher die Strafverfügung erlassen hat, zu benachrichtigen. Dem Antragenden muß eine Bescheinigung über die erfolgte Anmeldung kostenfrei ertheilt werden.[13])

306 §. 6. Erfolgt ein solcher Antrag (§. 5) innerhalb der zehntägigen Frist, so tritt dadurch die Straffestsetzung außer Kraft. Die Sache wird alsdann dem Polizeirichter vorgelegt, welcher, ohne daß es der Einreichung einer Anklageschrift bedarf und ohne vorgängigen Beschluß über die Eröffnung der Untersuchung, einen Termin zur Verhandlung ansetzt. Die Erlassung eines Mandates findet nicht statt. Im Uebrigen kommt das bei Uebertretungen vorgeschriebene Verfahren zur Anwendung.[14]) Der Richter ist befugt, auch auf eine andere Strafe zu erkennen, als in der Strafverfügung bestimmt war.

307 §. 7. Wenn innerhalb der zehntägigen Frist kein Antrag auf gerichtliche Entscheidung (§. 5) erfolgt, so ist die Strafe zu vollstrecken.[15])

308 §. 8. Ist die Strafverfügung des Polizeiverwalters vollstreckbar geworden, so findet wegen der nämlichen Handlung eine fernere Anschuldigung nicht statt, es sei denn, daß die Handlung keine Uebertretung, sondern ein Vergehen oder Verbrechen darstellt, und daher der Polizeiverwalter seine Kompetenz überschritten hat.

309 §. 9. Durch Erlaß der polizeilichen Strafverfügung wird die Verjährung der Uebertretung unterbrochen (§. 339 Str.-Ges.-B., oben No. 38). Ist der Polizeianwalt eingeschritten, bevor die vorläufige

---

[12]) Vergl. hierzu §§. 11 u. 12 des Reglements, unten No. 323 u. 324.

[13]) Vergl. hierzu §§. 19 u. 20 des Reglements, unten No. 331 u. 332.

[14]) Ueber dieses Verfahren vergl. oben No. 292—300.

[15]) Vergl. hierzu §§. 14—18 des Reglements, unten No. 326—330.

Strafverfügung dem Angeschuldigten insinuirt worden, so ist die letztere wirkungslos.

§. 10. In Betreff der von Militärpersonen begangenen Ueber- 310
tretungen behält es bei den Bestimmungen der §§. 3 und 269 Theil II des Strafgesetzbuchs für das Heer das Bewenden.[16])

§. 11. Insoweit wegen Zuwiderhandlungen gegen die Vorschrif- 311
ten über die Erhebung öffentlicher Abgaben und Gefälle, insbesondere der Steuern, Zölle, Postgefälle und Kommunikations-Abgaben, ein administratives Strafverfahren vorgeschrieben ist, finden die Bestimmungen des gegenwärtigen Gesetzes auf dergleichen Zuwiderhandlungen keine Anwendung.

§. 12. Unsere Minister der Justiz und des Innern haben die 312
zur Ausführung dieses Gesetzes erforderlichen reglementarischen Bestimmungen zu erlassen.

Urkundlich ꝛc. Gegeben Bellevue, den 14. Mai 1852.

Friedrich Wilhelm.

Reglement vom 30. September 1852, die Ausführung des Gesetzes vom 14. Mai 1852 über die vorläufige Straffestsetzung wegen Uebertretungen betreffend (Just.-Min.-Bl. S. 342).

§. 1. Ueber die vorläufige Straffestsetzung wegen Uebertretungen 313
ist eine Strafliste nach dem beiliegenden Formular I (unten No. 343) mit für jedes Kalenderjahr fortlaufenden Nummern zu führen, und Behufs der Straffestsetzung von dem beiliegenden Formular II (unten No. 344) als Aktenbogen für jede einzelne Sache, sowie Behufs der Ausfertigung der Strafverfügung in Fällen, wo nur eine Gefängnißstrafe festgesetzt wird, von dem beiliegenden Formular III (unten No. 345), sowie in den Fällen, wo eine Geldstrafe und die an deren Stelle tretende Gefängnißstrafe festgesetzt wird, von dem beiliegenden Formular IV (unten No. 346) Gebrauch zu machen.

§. 2. Die Befugniß zur vorläufigen Straffestsetzung steht wegen 314
der innerhalb eines Gemeinde- oder Polizeibezirks verübten Uebertretungen derjenigen Person, beziehungsweise derjenigen Behörde zu, welche in diesem Bezirke die örtliche Polizei zu verwalten hat.

Ist aber gesetzlich die Handhabung der Polizei für einzelne Gegenstände, wie z. B. das Deichwesen, einer besondern Behörde übertragen, so steht nur dieser die Befugniß zur vorläufigen Straffestsetzung wegen der innerhalb ihres Bezirks verübten Uebertretungen gegen diejenigen Strafvorschriften zu, welche die ihr übertragene besondere Polizeiverwaltung betreffen.

[16]) Vergl. §. 28 des Reglements, unten No. 340.

Beleidigungen, sowie Diebstähle an Holz oder andern Waldprodukten, gehören nicht zu denjenigen Uebertretungen, wegen welcher der Polizeiverwalter zur vorläufigen Straffestsetzung befugt ist. [17])

315 §. 3. Von der Befugniß zur vorläufigen Straffestsetzung ist nicht Gebrauch zu machen, wenn der dazu Berechtigte in Erfahrung bringt, daß der Polizeianwalt bereits Schritte zur gerichtlichen Verfolgung einer Uebertretung gethan hat.

Die Uebertretungen verjähren in drei Monaten von dem Tage an gerechnet, an welchem sie begangen sind. Nach Ablauf der Verjährungszeit findet die Bestrafung nicht mehr statt. Durch Erlaß der polizeilichen Strafverfügung aber wird die Verjährung unterbrochen.

316 §. 4. In den hiernach nicht ausgenommenen Fällen hat sich der Berechtigte, wenn er von einer in seinem Amtsbereiche vorgefallenen Uebertretung Kenntniß erhält, zunächst davon, wo, zu welcher Zeit, wie und von wem sie verübt ist, Ueberzeugung zu verschaffen.

317 §. 5. Hat er die Uebertretung selbst wahrgenommen, oder die Ueberzeugung davon durch amtliche, auf eigener Wahrnehmung des Anzeigenden beruhende, oder durch Angaben glaubwürdiger Zeugen unterstützte Anzeigen, oder Protokolle eines Beamten erlangt, so bedarf es weiterer Nachforschung nicht, sofern nur daraus die zur Straffestsetzung erforderlichen Umstände (§. 4) hervorgehen.

318 §. 6. Ebenso wird es, falls er anderweitig von einer Uebertretung Kenntniß erhält, in der Regel genügen, wenn er die Uebertretung auf glaubwürdige Weise in Erfahrung gebracht hat, und mindestens eine glaubwürdige Person dieselbe bezeugen kann.

319 §. 7. Es ist sodann (§§. 5 und 6) der Fall in die Strafliste einzutragen, der Aktenbogen bei 1, 2 und 3 auszufüllen, und die Strafverfügung, gleichlautend mit der Eintragung in No. 3 desselben, durch Ausfüllung, Unterzeichnung und Unterstempelung des Formulars III oder beziehungsweise IV auszufertigen.

320 §. 8. Erachtet der Polizeiverwalter, um die erforderliche Ueberzeugung von der Uebertretung oder von den Mitteln zu ihrem Beweise zu gewinnen, annoch Ermittelungen für nöthig, so hat er diese auf die kürzeste, dabei aber hinreichend zuverlässige Art zu veranlassen.

Er ist hierbei an keine Förmlichkeit, auch nicht an ein protokollarisches Verfahren gebunden, vielmehr genügt es, daß er das Ergebniß

[17]) In diesen Sachen ist das Mandatsverfahren gesetzlich ausgeschlossen. Im Uebrigen ist vor allem zu beachten, daß die qu. Befugniß auf Uebertretungen eingeschränkt ist, d. h. also auf solche Verstöße, die gesetzlich — sei es durch eigentliche Gesetze, oder durch orts- oder landespolizeiliche Verordnungen — mit Gefängniß nicht über 6 Wochen oder mit Geldbuße nicht über 50 Thaler bedroht sind. Vergl. oben No. 5 und 6.

seiner Ermittelungen, wenn sie zu der erforderlichen Ueberzeugung führen, unter Eintragung der Sache in die Straflisten, durch Ausfüllung der No. 2 und 3 des Formulars II aktenmäßig macht, worauf er dann die Strafverfügung (§. 7) ausfertigt.

§. 9. Erachtet der Polizeiverwalter die Vereidigung von Zeugen 321
für erforderlich, um die Uebertretung festzustellen, oder läßt sich die Behufs der vorläufigen Straffestsetzung erforderliche Ueberzeugung nur durch schwierige, weitläufige, oder voraussichtlich nur im gerichtlichen Verfahren mit Erfolg zu erreichende Ermittelungen gewinnen, so ist von der Straffestsetzung Abstand zu nehmen, und die Sache bei dem Polizeianwalt Behufs der gerichtlichen Verfolgung zur Anzeige zu bringen.

§. 10. Ist die Uebertretung mit Geld- oder Gefängnißstrafe be- 322
droht, so hat der Polizeiverwalter nach den bei der Uebertretung obwaltenden Umständen und mit Hinsicht auf die Person des Angeschuldigten, z. B. ob er schon früher bestraft worden oder nicht, zu ermessen, ob Geldbuße oder sogleich Gefängnißstrafe festzusetzen sei.

Wird eine Geldstrafe festgesetzt, so darf sie nicht weniger als zehn Silbergroschen betragen. Die für den Fall des Unvermögens des Verurtheilten statt der Geldbuße stets sogleich festzusetzende Gefängnißstrafe aber ist so zu bestimmen, daß nach dem Ermessen des Polizeiverwalters einer Geldstrafe von zehn Silbergroschen oder auch einer höheren Geldstrafe bis zum Betrage von zwei Thalern eine Gefängnißstrafe von einem Tage gleichgeachtet wird.

Unter einem Tage, zu vierundzwanzig Stunden gerechnet, darf Gefängnißstrafe nicht festgesetzt werden.

Ist die Strafe der Uebertretung auch Konfiskation des Gegenstandes, so ist neben der Strafe auch die Konfiskation in der Strafverfügung auszusprechen, und zwar nach dem Worte „festgesetzt" des Formulars III oder IV.

§. 11. Die ausgefertigte Strafverfügung, aus welcher das Er- 323
forderliche in die Strafliste einzutragen ist, wird dem Gemeinde- oder Amts-Boten Behufs der Zustellung an den Uebertreter übergeben. Da, wo ein vereideter Amts- oder Gemeinde-Bote noch nicht vorhanden ist, muß solcher Behufs Insinuation der Strafverfügungen dem Landrathe des Kreises in Vorschlag gebracht werden.

Dieser hat den Vorgeschlagenen, wenn er ihn für geeignet hält, mit der erforderlichen Instruktion zu versehen und mit dem Amtseide eines Amts- oder Gemeindeboten zu vereidigen.

§. 12. Mit der Ausfertigung der Strafverfügung ist dem Boten 324
stets der Aktenbogen zu übergeben. Der Bote hat die Ausfertigung

dem Bestraften vorschriftsmäßig zuzustellen, über die Art und den Tag der Zustellung auf dem Aktenbogen zu No. 4 unter seiner Unterschrift amtlichen Bericht zu erstatten und sodann den Aktenbogen zurückzugeben.

325 §. 13. Gestellt sich der Bestrafte bis zum Ablauf des zehnten Tages, nach dem Tage der Zustellung der Strafverfügung, diesen nicht mitgerechnet, bei dem Polizeiverwalter, welcher die letztere erlassen hat, unter Berufung auf gerichtliche Entscheidung, so ist darüber eine Verhandlung aufzunehmen, und diese nebst dem Aktenbogen und den etwa zur Sache sonst vorhandenen Schriftstücken, welche zu dem Aktenbogen zu sammeln sind, ohne daß es einer weitern Beischrift bedarf, an den Polizeianwalt abzusenden, die Absendung aber in der Strafliste zu verzeichnen.

Ebenso ist zu verfahren, wenn der Antrag auf gerichtliche Entscheidung schriftlich eingereicht wird.

Die Bescheinigung über die erfolgte Anmeldung, welche nach §. 5 des Gesetzes vom 14. Mai d. J. zu ertheilen ist, kann auch auf die Ausfertigung der Strafverfügung gesetzt werden.

326 §. 14. Ist innerhalb der zehntägigen Frist ein solcher Antrag (§. 13) nicht gemacht, auch eine Bescheinigung darüber, daß beim Polizeirichter oder Polizeianwalt Berufung eingelegt worden, nicht beigebracht, so ist die Strafverfügung zu vollstrecken.

327 §. 15. War eine Geldstrafe festgesetzt, so ist der Aktenbogen unter Beifügung der zur Sache sonst noch gehörigen Schriftstücke ohne weitere Beischrift derjenigen Kasse zu übersenden, zu welcher nach der hierüber ergehenden besondern Bestimmung die Geldstrafen einzuziehen sind, und die Absendung in der Strafliste zu vermerken.

Ist der Polizeiverwalter zur vorläufigen Empfangnahme der Geldbuße im Allgemeinen ermächtigt, und zahlt der Bestrafte an denselben, so hat er die Geldbuße nebst dem Aktenbogen an die betreffende Kasse sofort zu übersenden, die Zahlung aber auf der Ausfertigung der Strafverfügung oder auf besondern Blatte zu bescheinigen.

328 §. 16. Die zur Annahme der Geldbußen bestimmte Kasse zieht die Geldstrafe ein. Ist letztere nicht beizutreiben, so vermerkt die Kasse dies auf dem Aktenbogen und sendet ihn dem, welcher die Strafverfügung erlassen hat, zurück, worauf sodann von diesem nach der Vorschrift des §. 17 die Gefängnißstrafe zu vollstrecken ist.

329 §. 17. Ist keine Geldstrafe, sondern nur Gefängnißstrafe festgesetzt, so wird dieselbe von dem, welcher die Strafverfügung erlassen hat, im Polizeigefängnisse vollstreckt. Es ist zu dem Ende der Vermerk No. 5 des Aktenbogens auszufüllen, und der Haftbefehl, damit gleichlautend, durch Ausfüllung des Formulars V (unten No. 347) auszu-

fertigen und diese Ausfertigung dem Amts- oder Gemeinde-Diener zu übergeben, welcher ihn nach der Ausführung desselben zurückzugeben hat, worauf der Vermerk No. 6 auf dem Aktenbogen auszufüllen, auch die Vollstreckung in der Strafliste zu vermerken ist.

§. 18. Ist eine Konfiskation festgesetzt, und die Verfügung voll- 330
streckbar geworden, so ist der zu konfiszirende Gegenstand, wo dies noch nicht geschehen sein sollte, durch den Amtsdiener in Beschlag zu nehmen und demnächst denjenigen zu übergeben, welchem dergleichen Konfiskate zustehen.

Ist der Polizeiverwalter zweifelhaft darüber, wem das Konfiskat zufällt, so hat er hierüber vom Landrathe weitern Bescheid einzuholen.

§. 19. Wird dem, welcher die Strafverfügung erlassen hat, nach 331
Ablauf der zehntägigen Frist die Bescheinigung darüber, daß Berufung bei dem Polizeianwalt oder Polizeirichter eingelegt ist, vorgelegt, so hat er mit der Vollstreckung Anstand zu nehmen und den Aktenbogen dem Polizeianwalt zu übersenden, oder, falls der Aktenbogen bereits bei der Kasse sich befindet, diese von der Berufung zu benachrichtigen Behufs der Absendung des Aktenbogens an den Polizeianwalt.

Dasselbe Verfahren ist zu beobachten, wenn vor oder nach Ablauf der zehntägigen Frist dem, welcher die Strafverfügung erlassen hat, die Benachrichtigung des Polizeirichters oder Polizeianwalts von der erfolgten Berufung zugeht.

Diese Absendung des Aktenbogens ist in der Strafliste zu vermerken.

§. 20. Ist auf gerichtliche Entscheidung angetragen, so hat der 332
Polizeianwalt nach Empfang des Aktenbogens denselben dem Polizeirichter einzureichen. Der Polizeianwalt ist in seinen Anträgen durch die Strafverfügung in keiner Beziehung gebunden.

§. 21. Wird die Berufung vom Gericht als zu spät angebracht 333
zurückgewiesen, so ist der Aktenbogen nebst den etwanigen sonstigen Verhandlungen in der Sache durch den Polizeianwalt dem, welcher die Strafverfügung erlassen hat, zurückzusenden. Dieser hat sodann ebenso zu verfahren, als wenn die Berufung nicht eingelegt wäre.

§. 22. Werden Reisende oder sonst Personen, welche der Polizei- 334
behörde als unverdächtig nicht bekannt sind, deren Unverdächtigkeit auch von zuverlässigen Personen nicht sofort bescheinigt wird, von der Polizeibehörde in Ausübung einer Uebertretung betroffen, oder ihr von glaubwürdigen Personen, welche sie dabei betroffen, zugeführt, und hat die Polizeibehörde von ihrer Befugniß der vorläufigen Straffestsetzung Gebrauch gemacht, so kann sie die sofortige Bestellung einer Sicherheit für die Strafe fordern, und, wenn weder die Sicherheit bestellt wird,

noch der Uebertreter sich sofort der Straffestsetzung unterwirft, denselben nach §. 2 des Gesetzes vom 12. Februar 1850 (oben No. 182) festnehmen. Die Polizeibehörde hat alsdann den Festgenommenen nach §. 4 desselben Gesetzes, nebst dem Aktenbogen über die betreffende Uebertretung, dem Polizeianwalte zu überweisen.

335 §. 23. Sollten, was jedoch nur ausnahmsweise eintreten kann, bis zum Erlasse der Strafverfügung Auslagen für Porto, Botenlohn und Zeugengebühren entstanden sein, so sind solche unter No. 7 auf dem Aktenbogen zu vermerken. Die nach Erlaß der Strafverfügung entstandenen Auslagen, welche nur für Botenlohn und Porto erwachsen können, dürfen insgesammt 5 Sgr. nicht übersteigen; sie sind ebenso, wie die Gefängnißkosten für Vollstreckung der Verfügung, daselbst einzutragen.

336 §. 24. Erfolgt in der Sache gerichtliche Verurtheilung, so sind die im vorläufigen Straffestsetzungs-Verfahren entstandenen Auslagen mit den gerichtlichen Kosten einzuziehen und von dem Gerichte, welches den Betrag als Auslage zu behandeln und zu verrechnen hat, an die Polizeibehörde abzuliefern.

337 §. 25. Wird die Strafverfügung vollstreckbar, so sind die auf dem Aktenbogen vermerkten Auslagen zugleich mit den Geldstrafen, falls aber eine prinzipale oder subsidiäre Gefängnißstrafe vollstreckt wird, von der Polizeibehörde einzuziehen.

338 §. 26. Sind die in dem vorläufigen Straffestsetzungs-Verfahren entstandenen Auslagen nicht beizutreiben, so fallen sie, gleichwie die Kosten der Vollstreckung der Gefängnißstrafe, als Kosten der Ortspolizeiverwaltung demjenigen zur Last, welcher die letztgedachten Kosten überhaupt zu tragen hat. Ist aber die Strafverfügung von einer andern Behörde als der Ortspolizeibehörde erlassen, so sind die nicht beizutreibenden Auslagen als Verwaltungskosten jener Behörde zu tragen.

339 §. 27. Der Betrag der Auslagen sowie die Einziehung oder Erstattung ist in der Strafliste zu vermerken. Hinsichtlich der Verausgabung und der Verrechnung solcher Auslagen gilt dasselbe, was von andern Auslagen der Polizeiverwaltung gilt.

340 §. 28. Gegen aktive Militärpersonen, d. h. gegen alle nicht zum Beurlaubtenstande gehörende Personen des Soldatenstandes, darf die vorläufige Straffestsetzung nur dann erfolgen, wenn die Uebertretung im Gesetze bloß mit Geldstrafe oder Konfiskation bedroht ist.

Ist dagegen die Uebertretung im Gesetze mit Geld- oder Gefängnißstrafe, oder nur mit Gefängnißstrafe bedroht, oder trifft mit der Uebertretung ein Vergehen oder Verbrechen zusammen, so ist die Bestrafung bei dem betreffenden Militärgericht in Antrag zu bringen.

Wird gegen eine aktive Militärperson eine eine Geldstrafe festsetzende oder eine Konfiskation verhängende Verfügung vollstreckbar, so ist die Vollstreckung bei den betreffenden Militärgerichten zu beantragen, und in dem Requisitionsschreiben stets zu bemerken, wohin die Geldstrafe, oder die konfiszirte Sache abgeliefert werden soll. Kann in einem solchen Falle die Geldstrafe nicht erlegt werden, so wird dieselbe von dem Militärgericht in eine verhältnißmäßige militärische Freiheitsstrafe umgewandelt, und nach Vollstreckung dieser Strafe die requirirende Behörde hiervon benachrichtigt.

§. 29. Die Landräthe haben, so oft sich dazu Gelegenheit findet, 341
die Handhabung der Befugniß der vorläufigen Straffestsetzung zu prüfen, die etwa erforderliche Belehrung und Remedur eintreten zu lassen, und daß dies geschehen, in der Strafliste zu vermerken.

§. 30. Die hierin vorgeschriebenen Formulare sind mit dem ge- 342
genwärtigen Reglement, welches nebst dem Gesetze vom 14. Mai d. J. der Strafliste vorzudrucken ist, von den Landrathsämtern gegen Erstattung der Druckkosten zu beziehen.

Berlin, den 30. September 1852.

Der Justiz-Minister Simons. Der Minister des Innern v. Westphalen.

Formular I. 343

Strafliste.

185 .

No.	Name, Stand, Wohnort des Angeschuldigten.	Datum der Verfügung.	Strafe.	Abgesandt der . . . . Kasse von	Abgesandt dem Polizeianwalt von	Vollstreckt.	Auslagen.	Bemerkungen.

344

Formular II.

Aktenbogen.

1. No. der Strafliste des Jahres 185 .

2. Die Uebertretung wird bewiesen durch: (Namen, Stand und Wohnort der Zeugen)

Die anliegende
amtliche Anzeige des vom
amtliche Verhandlung vom

3. D
hat am zu

Es wird deshalb hiermit gegen d
auf Grund d
eine bei zu erlegende Geldstrafe von , an deren Stelle, wenn sie nicht beizutreiben ist, eine Gefängnißstrafe von tritt, festgesetzt.

Findet d sich durch diese Straffestsetzung beschwert, so kann innerhalb einer zehntägigen Frist, von Zustellung dieser Verfügung an, bei dem Polizeirichter oder dem Polizeianwalt, oder bei der unterzeichneten Behörde schriftlich oder zu Protokoll auf gerichtliche Entscheidung angetragen werden. Erfolgt binnen dieser Frist ein solcher Antrag nicht, so wird die festgesetzte Strafe vollstreckt.

den 185 .

4. Die Ausfertigung der vorstehenden Verfügung ist heute
dem in Person
in dessen Abwesenheit

ausgehändigt.

Da in der Wohnung d Angehörige, Dienstboten und der Hauswirth nicht angetroffen worden,

Da d
die Annahme von den verweigert
worden, an die Stubenthür, Hausthür d
befestigt.

5. Der wird angewiesen, d
Behufs Vollstreckung der durch die Verfügung vom
(No. der Strafliste) festgesetzten Strafe auf die Dauer von
zur gefänglichen Haft zu bringen.
den 185 .
Die Ortspolizei-Behörde zu

6. Verhandelt den
Der berichtet heute
d ist nach vorstehender Verfügung
vom
am
in das Gefängniß zu
gebracht und
am
daraus wieder entlassen worden.
Die Gefängnißkosten sind mit
gezahlt
nicht gezahlt.

v. g. u.

g. w. o.

7. Auslagen sind entstanden:
1) bis zur Strafverfügung
.... an Porto
für
.... Botenlohn
für
.... Zeugengebühren
für
2) nach Erlaß der Strafverfügung
.... an Botenlohn
für
.... an Porto
für
.... an Gefängnißkosten
für
Hiervon ist gezahlt an
von d

345 **Formular III.**

Ausfertigung der Strafverfügung, wenn darin nur Gefängnißstrafe festgesetzt wird.

D zu

hat am

Es wird deshalb hiermit gegen d

auf Grund d

eine Gefängnißstrafe von

festgesetzt.

Findet d sich durch diese Straffestsetzung beschwert, so kann innerhalb einer zehntägigen Frist von Zustellung dieser Verfügung an bei dem Polizeirichter oder dem Polizeianwalt, oder bei der unterzeichneten Behörde schriftlich oder zu Protokoll auf gerichtliche Entscheidung angetragen werden. Erfolgt binnen dieser Frist ein solcher Antrag nicht, so wird die festgesetzte Strafe vollstreckt.

den 185 .

---

346 **Formular IV.**

Ausfertigung der Strafverfügung, wenn eine Geldstrafe mit subsidiarischer Gefängnißstrafe festgesetzt wird.

D zu

hat am

Es wird deshalb hiermit gegen d

auf Grund d

eine bei zu erlegende

Geldstrafe von , an deren Stelle, wenn sie nicht beizutreiben ist, eine Gefängnißstrafe von

tritt, festgesetzt.

Findet d sich durch diese Straffestsetzung beschwert, so kann innerhalb einer zehntägigen Frist von Zustellung dieser Verfügung an bei dem Polizeirichter oder dem Polizeianwalt, oder bei der unterzeichneten Behörde schriftlich oder zu Protokoll auf gerichtliche

Entscheidung angetragen werden. Erfolgt binnen dieser Frist ein solcher Antrag nicht, so wird die festgesetzte Strafe vollstreckt.

den 185 .

Formular V. 347

Haftbefehl an den Gemeinde- oder Amtsboten.

Der wird angewiesen, d

Behufs Vollstreckung der durch die Verfügung vom (No. der Strafliste) festgesetzten Strafe auf die Dauer von zur gefänglichen Haft zu bringen.

den 185 .

Die Ortspolizei-Behörde zu

2. Verfahren wegen Diebstahls an Holz und andern Waldprodukten.

Das in diesen Sachen stattfindende besondere Verfahren regelt sich 348
nach §§. 21 bis 43 u. 48 des Gesetzes vom 2. Juni 1852 (oben No. 59 ff.), welche eigentlich hierher gehört hätten, jedoch, um den Text des gedachten Gesetzes nicht zu zerreißen, gleich oben ihre Stelle gefunden haben.

3. Umwandlung einer rechtskräftig verhängten Geldbuße in Gefängnißstrafe.

Gesetz vom 3. Mai 1852 (Ges.-S. S. 209):

Art. 132. In jedem Urtheil, in welchem auf eine Geldbuße er- 349
kannt wird, ist zugleich auszusprechen, welche Freiheitsstrafe für den Fall, daß die Geldbuße nicht beigetrieben werden kann, an deren Stelle treten soll. Ist dies gleichwohl nicht geschehen und ergiebt sich bei der Vollstreckung, daß der Verurtheilte zur Entrichtung der Geldbuße unvermögend ist, so hat das Gericht, welchem die Strafvollstreckung zusteht, die Geldbuße in eine verhältnißmäßige Freiheitsstrafe zu verwandeln.[18])

Art. 133. In dem Falle des Art. 132 beschließt das Gericht, 350
ohne mündliches Verfahren, nach Vernehmung des schriftlichen Antrages

[18]) Hat die Polizeiverwaltung bei Erlassung einer vorläufigen Strafverfügung (Ges. vom 14. Mai 1852 §. 1, oben No 301) es verabsäumt, für den Fall des Unvermögens des Verurtheilten die Umwandlung der festgesetzten Geldbuße in Gefängnißstrafe auszusprechen, so hat nicht der Polizeirichter, sondern die Polizeiverwaltung selbst durch einen Nachtrag zu der erlassenen Verfügung diese Umwandlung nachzuholen.

der Staatsanwaltschaft. Die Beschwerde gegen den Beschluß findet nur innerhalb einer zehntägigen präklusivischen Frist statt, welche mit dem Ablaufe des Tages beginnt, an dem die Bekanntmachung des Beschlusses erfolgt ist.

C. Rechtsmittel.

1. Beschwerde.

Verordnung vom 3. Januar 1849 (Ges.-S. S. 14):

351 §. 12. Gegen den Beschluß eines Gerichts, durch welchen der Antrag auf Eröffnung einer Untersuchung zurückgewiesen wird, steht dem Staatsanwalte[19]) innerhalb einer zehntägigen präklusivischen Frist, welche mit dem Ablaufe des Tages beginnt, an dem die Mittheilung des Bescheides erfolgt, die Beschwerde an das Appellationsgericht offen.

Gesetz vom 3. Mai 1852 (Ges.-S. S. 209):

352 Art. 11. Die Beschwerde findet gegen alle gerichtlichen Verfügungen und Beschlüsse statt, insofern sie nicht ausdrücklich ausgeschlossen ist.

353 Art. 12. Die Beschwerde folgt dem Instanzenzuge der gegen Erkenntnisse in den betreffenden Sachen zulässigen Rechtsmittel, wenn nicht ein Anderes ausdrücklich bestimmt ist.[20])

(Der zweite Absatz interessirt hier nicht.)

354 Art. 14. Die Beschwerde ist außer den im Gesetze ausdrücklich bezeichneten Fällen an keine Frist gebunden.[21]) (Der Schlußsatz interessirt hier nicht.)

355 Art. 15. Gegen den Beschluß, durch welchen eine Untersuchung eröffnet wird, steht dem Angeklagten keine Beschwerde zu.

356 Art. 16. Wenn die Beschwerde gegen einen Beschluß, durch welchen der Antrag auf Eröffnung der Untersuchung zurückgewiesen ist, für begründet erachtet wird, so ist der förmliche Beschluß auf Eröffnung der Untersuchung von dem Gerichte zu erlassen, welches über die Beschwerde entscheidet.

357 Art. 17. Hinsichtlich der Beschwerden, welche die Disziplin, den Geschäftsbetrieb oder Verzögerungen betreffen, wird an den Bestim-

---

[19]) Und ebenso auch dem Polizeianwalte gegen die betr. Beschlüsse des Polizeirichters.

[20]) Die Beschwerde über den Polizeirichter geht also an den Kriminal-Senat des Appellationsgerichts, bei dessen Entscheidung es bewendet, da auch gegen die Erkenntnisse des Polizeirichters nur die II. Instanz, der Rekurs, zulässig ist.

[21]) Eine Frist ist namentlich vorgeschrieben in den Fällen des §. 12 der Verordn. vom 3. Januar 1849 (oben No. 351), sowie der Art. 5 u. 133 des Ges. vom 3. Mai 1852 (oben No. 268. 350).

mungen des dritten Absatzes im §. 35 der Verordnung vom 3. Januar 1849 nichts geändert.[22])

2. Rekurs.

Verordnung vom 3. Januar 1849 (Ges.-S. S. 14):

§. 165. Gegen das Urtheil erster Instanz (des Einzelrichters) ist sowohl der Angeschuldigte als der Polizeianwalt innerhalb einer zehntägigen präklusivischen Frist, deren Anfang nach der wegen der Appellationsfrist gegebenen Vorschrift (unten No. 365) zu bestimmen ist, das Rechtsmittel des Rekurses[23]) einzulegen berechtigt. 358

§. 166. Der Rekurs kann auf neue Beweismittel über bereits angeführte Thatumstände nicht gegründet werden, auf neue Thatumstände aber nur insoweit, als dieselben bei der Anführung zugleich bescheinigt werden.[24]) 359

§. 167. Die Anbringung des Rekurses muß bei dem Polizeirichter mündlich zum Protokoll oder schriftlich geschehen. Eine besondere Frist zur Rechtfertigung des Rekurses ist nicht zu gestatten. 360

§. 168. Die Entscheidung über den Rekurs gebührt einer aus 3 Mitgliedern bestehenden Abtheilung des Appellationsgerichts. 361

§. 169. Findet die Abtheilung bei Prüfung der Akten, daß der Rekurs nicht zulässig, oder wenn dabei nur auf die Verhandlungen in erster Instanz Bezug genommen ist, nicht begründet sei, so weist sie den Rekurrenten durch eine Verfügung zurück, gegen welche ein weiteres Rechtsmittel nicht gestattet ist. 362

§. 170. In allen andern Fällen bestimmt die Deputation, unter Mittheilung der Rekursschrift an die Gegenpartei, einen Termin zum mündlichen Verfahren. Gegen das auf den Rekurs abgefaßte Urtheil findet ein weiteres Rechtsmittel nicht statt. 363

3. Appellation.

Gesetz vom 3. Mai 1852 (Ges.-S. S. 209) Art. 101. 364

Das Rechtsmittel der Appellation ist nur gegen Urtheile der Gerichtsabtheilungen zulässig.[25])

---

[22]) Die Beschwerde geht in solchen Fällen in II. Instanz an das Appellationsgericht, in letzter Instanz an den Justiz-Minister.

[23]) Nur in den Fällen des Ges. vom 14. April 1856 (oben No. 255), durch welches die Kompetenz des Polizeirichters auf gewisse Vergehen ausgedehnt ist, findet gegen die betreffenden Erkenntnisse die Appellation statt. In allen Uebertretungs-Sachen ist nur der Rekurs zulässig.

Ueber die Zulässigkeit des Rekurses in Holzdiebstahls-Sachen s. oben No. 76.

[24]) Zur Bescheinigung genügt die bloße Benennung von Zeugen oder die Angabe sonstiger Beweismittel nicht. Die Zeugen sind entweder sofort zur Sitzung zu gestellen, oder es sind vorläufige schriftliche Erklärungen von ihnen beizubringen. Außerdem gehören auch Atteste von Behörden oder Beamten, Urkunden, Verhandlungen über die Vernehmung von Zeugen 2c. dahin.

[25]) Inwiefern gegen Urtheile des Einzelrichters, darüber s. Anm. 23 oben zu No. 358.

Das Appellationsgericht muß hinsichtlich derjenigen Thatsachen, welche in Gemäßheit des Art. 31 (oben No. 280) in dem Urtheile hervorzuheben und für erwiesen oder für nicht erwiesen zu erklären sind, seiner Entscheidung die in dem ersten Urtheile enthaltene Feststellung zum Grunde legen, insofern nicht neue Thatsachen oder neue Beweise, oder die gänzliche oder theilweise Wiederholung der in erster Instanz stattgefundenen Beweisaufnahme eine abweichende thatsächliche Feststellung begründen.

Eine solche Wiederholung hat das Appellationsgericht nur dann anzuordnen, wenn sich wesentliche und durch die bisherigen Verhandlungen nicht zu beseitigende Bedenken gegen die in dem ersten Urtheile enthaltene Feststellung der Thatsachen ergeben, oder wenn die Wiederholung mit Rücksicht auf die vorgebrachten neuen Thatsachen oder Beweise nothwendig erscheint.

Verordnung vom 3. Januar 1849 (Ges.-S. S. 14):

365 §. 127. Die zehntägige Appellationsfrist beginnt mit dem Ablaufe des Tages, an welchem das erste Urtheil verkündet worden ist. Hat die Verkündung des Urtheils in Abwesenheit des Angeklagten stattgefunden, so nimmt die Appellationsfrist für denselben erst mit dem Ablaufe desjenigen Tages ihren Anfang, an welchem ihm die Ausfertigung des Urtheils behändigt worden ist.

366 §. 128. Die Appellation ist bei dem Gerichte der ersten Instanz entweder mündlich zum Protokoll oder schriftlich anzumelden.

367 §. 129. Die Angabe der Beschwerden, sowie deren Rechtfertigung und die Anführung neuer Thatsachen oder Beweismittel können gleichzeitig mit der Appellations-Anmeldung erfolgen, müssen aber, wenn dies unterblieben ist, innerhalb der auf den Tag dieser Anmeldung nächstfolgenden zehn Tage geschehen. Das Gericht ist jedoch ermächtigt, diese Frist auf den Antrag des Appellanten den Umständen nach angemessen zu verlängern.

368 §. 130. Die Appellationsfrist wird dem Appellaten mit der Aufforderung mitgetheilt:

binnen einer Frist von zehn Tagen anzuzeigen, ob und welche neue Thatsachen oder Beweismittel er seinerseits anzuführen habe.

Hat der Staatsanwalt appellirt und ist der Angeklagte verhaftet, so wird diesem der Inhalt der Appellationsschrift vorgelesen und die eben gedachte Aufforderung zum Protokoll bekannt gemacht; besitzt er einen Vertheidiger, so ist diesem auf Verlangen Abschrift der Appellationsschrift zuzustellen.

369 §. 131. Weiset das Gericht erster Instanz die Appellation als nicht rechtzeitig angemeldet zurück, so kann der Zurückgewiesene hierüber

innerhalb einer zehntägigen präklusivischen Frist, welche mit dem Ablaufe des Tages beginnt, an dem ihm die zurückweisende Verfügung bekannt gemacht worden ist, bei dem Appellationsgericht Beschwerde führen.

Gesetz vom 3. Mai 1852 (Ges.-S. S. 209):

Art. 104. Das Gericht ist ermächtigt, auf den Antrag des Appellaten die Frist zur Gegenerklärung auf die Appellationsschrift den Umständen nach angemessen zu verlängern. 370

Das Appellationsgericht kann aus besondern Gründen die Appellationsschrift, sowie die Gegenschrift auch noch nach Ablauf der Frist zulassen.

Art. 105. Wenn die Appellation angemeldet, eine Appellationsschrift aber nicht eingegangen ist, so wird mit der Appellationsanmeldung nach §. 130 der Verordnung (No. 368) verfahren. 371

4. Restitution.

a. Gegen Versäumnisse.

Gesetz vom 3. Mai 1852 (Ges.-S. S. 209) Art. 130.

Die Wiedereinsetzung in den vorigen Stand gegen den Ablauf präklusivischer Fristen und gegen die Versäumniß des zur Verhandlung in Uebertretungs-Sachen nach Art. 126 (oben No. 289) anberaumten ersten Termins kann nur ertheilt werden, wenn Naturbegebenheiten oder andere unabwendbare Zufälle die Versäumung der Frist oder des Termins herbeigeführt haben. 372

Das Gesuch um Wiedereinsetzung muß binnen zehn Tagen nach dem Termine oder nach Ablauf der Frist, — wenn aber das Hinderniß erst später gehoben wird, von der Zeit der Wegräumung desselben an gerechnet, unter Angabe und Bescheinigung der Hinderungsgründe, schriftlich oder zu Protokoll angebracht werden.

Vor der Beschlußnahme ist die Staatsanwaltschaft mit ihrem Antrage zu hören. Eine Beschwerde über die Zurückweisung des Gesuchs steht dem Angeklagten innerhalb einer zehntägigen Frist zu, welche mit dem Ablaufe des Tages beginnt, an dem die Mittheilung des Beschlusses erfolgt ist. Der Staatsanwaltschaft bleibt nur vorbehalten, die Unstatthaftigkeit der Wiedereinsetzung bei der Hauptverhandlung geltend zu machen.

b. Gegen bereits rechtskräftige Erkenntnisse.

Verordnung vom 3. Januar 1849 (Ges.-S. S. 14):

§. 151. Gegen jedes rechtskräftige Urtheil kann der Verurtheilte[26]) zu jeder Zeit das Rechtsmittel der Restitution einwenden, 373

[26]) Dem Staats- oder Polizeianwalt steht dieses Rechtsmittel niemals zu.

wenn er darzuthun vermag, daß das Urtheil auf eine falsche Urkunde oder auf die Aussage eines meineidigen Zeugen gegründet ist.

374 §. 152. Das Restitutionsgesuch muß bei dem Gerichte, welches in erster Instanz erkannt hat, angebracht werden.

375 §. 153. Kann derjenige, welcher die Fälschung oder den Meineid begangen haben soll, noch belangt werden, so muß das angeblich von ihm verübte Verbrechen durch eine gegen ihn zu veranlassende gerichtliche Untersuchung erst rechtskräftig festgestellt werden, bevor dem Restitutionsgesuche stattgegeben werden kann.

In andern Fällen wird das von dem Angeklagten eingereichte Restitutionsgesuch zunächst dem Staatsanwalte mitgetheilt, um, wenn es ihm erforderlich erscheint, eine gerichtliche Voruntersuchung über die zur Begründung der Restitution angeführten Thatsachen zu veranlassen und alsdann das Gesuch mit seiner Erklärung darüber wieder vorzulegen.

376 §. 154. Wird das Restitutionsgesuch von dem Gerichte als unbegründet zurückgewiesen, so steht dem Imploranten frei, innerhalb der nächsten zehn Tage, nach dem Empfange des Bescheides, bei dem Gerichte der höhern Instanz Beschwerde zu führen.

377 §. 155. Wird ein Restitutionsgesuch für begründet erachtet, so hat das Gericht sofort das mündliche Verfahren nach der für die in Rede stehende Gesetzesübertretung vorgeschriebenen Form zu erneuern und unter Aufhebung seines frühern Urtheils ein neues zu fällen, gegen welches die gewöhnlichen Rechtsmittel zulässig sind.

III. Die Geschäftsführung der Polizeianwalte.

A. Instruktion für die Polizeianwalte vom 24. November 1852

(Just.-Min.-Bl. pro 1853 S. 242).

Uebersicht des Inhalts.

I. Allgemeine Bestimmungen.

§. 1. Der amtliche Beruf des Polizeianwalts besteht darin, bei 378
Uebertretungen (§. 8) die Ermittelung der Thäter herbeizuführen und dieselben vor Gericht zu verfolgen.

Verordn. v. 3. Januar 1849 §§. 2. 28 (No. 270. 275).
Ges. v. 3. Mai 1852 Art. 120 (No. 281).

§. 2. Der Polizeianwalt ist in seiner Amtsführung der Aufsicht 379
und Leitung des Ober-Staatsanwalts und mit diesem der obern Aufsicht und Leitung des Justizministers unterworfen.

Verordn. v. 3. Januar 1849 §§. 3. 28 (No. 275).

Die Beurlaubung des Polizeianwalts und die Anordnung wegen seiner Stellvertretung erfolgt durch den Regierungspräsidenten, nach vorgängigem Einvernehmen mit dem Ober-Staatsanwalt.

§. 3. Untersuchungs-Verhandlungen, Verhaftungen und Beschlag- 380
nahmen hat der Polizeianwalt, wenn nicht Gefahr im Verzuge obwaltet, oder der Fall der Ergreifung auf frischer That vorliegt, nicht selbst vorzunehmen, sondern solche nach Umständen entweder bei der Polizeibehörde oder bei dem betreffenden Gerichte zu beantragen.

Verordn. v. 3. Januar 1849 §. 7 (No. 273).

§. 4. Der Polizeianwalt ist befugt, allen polizeilichen und gericht- 381
lichen Verhandlungen, welche Gegenstände seines Geschäftskreises betreffen, beizuwohnen, mit dem Beamten, welcher die Verhandlung zu führen hat, in unmittelbare Verbindung zu treten, und seine Anträge und Mittheilungen zur Förderung des Zweckes der Untersuchung an diesen Beamten zu richten.

Verordn. v. 3. Januar 1847. §. 7 (No. 273).

§. 5. Dem Polizeianwalte steht die Einsicht aller polizeilichen 382
und gerichtlichen Akten, welche sich auf einen zu seinem Geschäftskreise gehörenden Gegenstand beziehen, jederzeit frei.

Verordn. v. 3. Januar 1849 §. 8 (No 274).

383 §. 6. Der Polizeianwalt hat jede Verzögerung und Ordnungswidrigkeit sorgfältig zu vermeiden. Er hat darauf zu achten, daß den Untersuchungen bei den Gerichten die möglichste Beschleunigung zu Theil, und überall den gesetzlichen Bestimmungen gemäß verfahren werde. Wenn er Verzögerungen oder sonstige Unregelmäßigkeiten wahrnimmt, so hat er mit dem betreffenden Richter Rücksprache zu nehmen, und wenn dies ohne Erfolg bleibt, hiervon dem Ober-Staatsanwalte Kenntniß zu geben.

Verordn. v. 3. Januar 1849 §. 8 (No. 274).

384 §. 7. Der Polizeianwalt ist berechtigt, über alle gerichtlichen Verfügungen und Beschlüsse bei dem Appellationsgericht Beschwerde zu führen, insofern dieselbe nicht durch gesetzliche Bestimmungen ausgeschlossen ist (vergl. §§. 20. 21).

Verordn. v. 3. Januar 1849 §§. 12 13 (No. 351).
Ges. v. 3. Mai 1852 Art. 11—17 (No. 352—357).

Die Beschwerdeschriften hat derselbe mit den brevi manu zu erbittenden gerichtlichen Akten und seinen Bureau-Akten dem Ober-Staatsanwalte unter Kouvert, oder mittelst kurzen Berichts zur Weiterbeförderung zu überreichen. In Fällen, wo die Beschwerde binnen einer präklusivischen Frist angebracht werden muß (§§. 30. 32. 55), ist die Uebersendung der Beschwerdeschrift, nöthigenfalls unter Vorbehalt der Nachsendung der Akten, so zu beschleunigen, daß sie rechtzeitig an das Appellationsgericht gelangen kann.

II. Kompetenz der Polizeianwalte.

385 §. 8. Zur Kompetenz der Polizeirichter und in Folge dessen zur Kompetenz der Polizeianwalte gehören:

1) alle Uebertretungen, d. h. diejenigen Handlungen, welche die Gesetze mit Gefängnißstrafe bis zu sechs Wochen oder mit Geldbuße bis zu funfzig Thalern bedrohen. Dergleichen Strafvorschriften sind enthalten:

   a) in den §§. 332—349 des Strafgesetzbuchs (vergl. No. 113. 114).

   Die einfachen Beleidigungen (§. 343 daselbst) können jedoch nicht von dem Polizeianwalte, sondern nur von dem Beleidigten, und zwar im Wege des Civilprozesses verfolgt werden;

   Str.-Ges.-B. §. 1 (No. 5).
   Einführ.-Ges. vom 14. April 1851 Art. XIII (No. 254) XVI.

   b) in besondern Gesetzen, welche neben dem Strafgesetzbuche gelten.

   Dies ist in Ansehung der vor Verkündung des Strafgesetzbuchs erlassenen Strafgesetze insoweit der Fall, als sie

Materien betreffen, in Hinsicht deren das Strafgesetzbuch nichts bestimmt. Es gehören hierhin namentlich die Gesetze über die Bestrafung der Post-, Steuer- und Zoll-Kontraventionen, über den Mißbrauch des Vereins- und Versammlungsrechts, über die Presse, über die Feld-, Forst- und Jagdpolizei, über die Gewerbe- und Medizinalpolizei, über das Deichwesen, über die Gesindepolizei, über die Chaussee-, Eisenbahn-, Berg-, Ufer-, Hafen- und Strompolizei, über die Mobiliarversicherungen u. a. m.;

c) in den noch gültigen frühern und den auf Grund des Gesetzes vom 11. März 1850 (oben No. 3) erlassenen polizeilichen Vorschriften.

In den Fällen zu b und c ist die Handlung auch dann eine Uebertretung, wenn die angedrohte Strafe als eine willkürliche bezeichnet ist. Es macht dabei keinen Unterschied, ob neben der eigentlichen Strafe noch auf die Konfiskation einzelner Gegenstände zu erkennen ist, oder nicht.

Einführ.-Ges. vom 14. April 1851 Art. II. VIII (No. 1. 6).

In Beziehung auf die Kompetenz und das Verfahren sind den Uebertretungen gleichgestellt:

2) diejenigen strafbaren Handlungen, welche in den neben dem Strafgesetzbuche gültigen besondern Gesetzen zwar mit einer höhern Strafe, als Gefängniß bis zu sechs Wochen oder Geldbuße bis zu funfzig Thalern bedroht sind, jedoch früher zur Kognition der Polizeibehörden (oder Polizeigerichte) gehörten. Dies sind insbesondere die Zuwiderhandlungen gegen die §§. 177—180 der Allgemeinen Gewerbe-Ordnung vom 17. Januar 1845 (Ges.-S. S. 75) und die §§. 74. 75 der Verordn. vom 9. Februar 1849 (Ges.-S. S. 109). Von der Kompetenz der Polizeirichter und der Polizeianwalte sind aber die Fälle ausgeschlossen, in welchen nach den bisherigen besondern Gesetzen auf den Verlust von Aemtern, oder auf den Verlust des Rechts zum Gewerbebetriebe für immer oder auf Zeit, oder auf Stellung unter Polizeiaufsicht zu erkennen ist.[27])

Einführ.-Ges. vom 14. April 1851 Art. XX (No. 257).

3) Die in dem Gesetze, betreffend den Diebstahl an Holz und andern Waldprodukten, vom 2. Juni 1852 (Ges.-S. S. 305) unter

---

[27]) Hierzu treten jetzt außerdem diejenigen Vergehen, welche durch das Gesetz vom 14. April 1856 (oben No. 255) der Kompetenz des Einzelrichters überwiesen sind, wie namentlich die einfachen Jagd- und Fischerei-Kontraventionen.

Strafe gestellten Handlungen, mit Ausnahme derjenigen, welche in den §§. 16 und 46 jenes Gesetzes vorgesehen sind.

Holzdiebst.-Ges. v. 2. Juni 1852 §§. 24. 48 (No. 62. 86).

386 §. 9. Ob bei dem Polizeirichter des Bezirks, für welchen der Polizeianwalt ernannt worden, der Gerichtsstand begründet und daher der Polizeianwalt auch mit Rücksicht auf die örtliche Begrenzung des Gerichtsbezirks kompetent ist, richtet sich nach den nachstehenden Vorschriften (§§. 10—12).

387 §. 10. Der Gerichtsstand ist gleichmäßig begründet:

1) bei dem Gerichte des Sprengels, in welchem die Uebertretung begangen ist, und wenn sie im Auslande begangen ist, bei demjenigen inländischen Gerichte, welches dem Orte der That zunächst belegen ist. Es werden jedoch im Auslande begangene Uebertretungen in Preußen nur dann bestraft, wenn dies durch besondere Gesetze oder Staatsverträge angeordnet ist.

   Gehören mehrere Handlungen zum Thatbestande und sind dieselben in verschiedenen Sprengeln begangen, so ist das Gericht eines jeden dieser Sprengel kompetent;

2) bei dem Gerichte des Sprengels, in welchem der Beschuldigte wohnt, oder sich gewöhnlich aufhält, und wenn derselbe im Inlande keinen Wohnsitz oder gewöhnlichen Aufenthaltsort hat, bei dem Gerichte, in dessen Sprengel er sich auch nur vorübergehend aufhält;

3) bei dem Gerichte des Sprengels, in welchem der Beschuldigte ergriffen wird.

Ges. v. 3. Mai 1852 Art. 2 (No. 264).
Strafgesetzbuch §. 4.

In Holzdiebstahlssachen ist nur der zu 1 erwähnte Gerichtsstand begründet.

Holzdiebst.-Ges. vom 2. Juni 1852 §. 25 (No. 63).

388 §. 11. Wenn die nämliche Person verschiedener Uebertretungen beschuldigt wird, oder wenn verschiedene Personen als Urheber oder Theilnehmer einer Uebertretung beschuldigt werden, oder wenn sonstige Fälle der Konnexität vorliegen, so können diese konnexen Uebertretungen zur gleichzeitigen Untersuchung und Entscheidung vor denjenigen Polizeirichter gebracht werden, bei welchem der Gerichtsstand in Ansehung einer derselben begründet ist.

Einführ.-Ges. vom 14. April 1851 Art. XXI. XXII (No. 259. 260).
Ges. v. 3. Mai 1852 Art. 3 (No. 266).

Der Verfolgung verschiedener, der nämlichen Person zur Last gelegter Uebertretungen in einem Verfahren steht es nicht entgegen, wenn das wegen derselben zulässige Gesammtstrafmaß (Str.-Ges.-B. §. 338, oben No. 37) eine Gefängnißstrafe von sechs Wochen oder eine Geldbuße von funfzig Thalern übersteigt.

Ist eine der konnexen Handlungen ein Verbrechen oder Vergehen, so hat der Polizeianwalt nur dann einzuschreiten, wenn die abgesonderte Verfolgung der Uebertretungen als angemessen erscheint.

§. 12. Sind mehrere Gerichtsstände begründet, so erfolgt die Untersuchung und Entscheidung durch dasjenige Gericht, bei welchem der Polizeianwalt zu diesem Behufe den ersten Antrag gestellt hat. 389

Ges. v. 3. Mai 1852 Art. 4 (No. 267).

Es hängt hiernach von dem Ermessen der Polizeianwaltschaft ab, bei welchem der verschiedenen an sich kompetenten Gerichte die Sache anhängig zu machen sei. Dieses Ermessen muß durch Gründe der Zweckmäßigkeit bestimmt werden, und ist insbesondere darauf Rücksicht zu nehmen, bei welchem Gerichte die Vernehmung der Zeugen wegen der geringern Entfernung ihres Aufenthaltsortes am leichtesten und mit dem geringsten Kostenaufwande erfolgen kann.

III. Verfahren.

§. 13. Beim Eingang einer jeden Denunziation hat der Polizeianwalt zu prüfen, ob eine Uebertretung[28]) vorliege (§. 8), und ob er mit Rücksicht auf die örtliche Begrenzung seines Bezirks kompetent sei (§§. 9—11). Findet er, daß die That nicht eine Uebertretung, sondern ein Vergehen oder Verbrechen darstellt, so hat er die Sache an den Staatsanwalt — findet er, daß ein anderer Polizeianwalt kompetent sei, so hat er sie an diesen abzugeben. 390

Sprechen nach Ansicht des Polizeianwalts überwiegende Gründe der Zweckmäßigkeit dafür, daß die Sache nicht von ihm, sondern von einem andern ebenfalls kompetenten Polizeianwalt verfolgt werde (§. 12), so hat er sich mit diesem wegen Uebernahme der Verfolgung zu verständigen, und nöthigenfalls an den Ober-Staatsanwalt zu berichten.

§. 14. Der Polizeianwalt hat zu erwägen, ob die Thatsachen, welche zum Thatbestande einer durch ihn zu verfolgenden Uebertretung gehören, mit glaubwürdigen Beweismitteln ausreichend unterstützt sind. Ist dies der Fall, so bedarf die gerichtliche Verfolgung einer weitern Vorbereitung nicht. Insbesondere sind eidliche Zeugenvernehmungen in der Regel dem mündlichen Hauptverfahren vorzubehalten. 391

§. 15. Erhellet nicht, ob alle Thatsachen, welche zum Thatbestande der Uebertretung gehören, vorliegen, oder sind genügende Beweismittel nicht angegeben, und kann der Anstand nicht durch mündliche Erkun- 392

---

[28]) Oder ein zur Kompetenz des Polizeirichters gehöriges Vergehen, vergl. §. 8 No. 2.

digungen des Polizeianwalts gehoben werden, so hat er auf dem kürzesten Wege, in der Regel durch Marginal-Ersuchsschreiben an die Polizeibehörden, die Vervollständigung der Angaben, Vernehmung der betreffenden Personen u. s. w. zu veranlassen. Requisitionen an die Gerichte sind möglichst zu vermeiden.

393 §. 16. Ergiebt sich aus der Denunziation oder aus den stattgehabten Ermittelungen, daß der Thatbestand einer strafbaren Handlung nicht vorliegt, oder daß ein genügender Verdacht nicht vorhanden ist, so verweigert der Polizeianwalt die gerichtliche Verfolgung.

394 §. 17. Erscheint die Verfolgung als statthaft, so kommt es darauf an, das von dem Gesetze vorgeschriebene fernere Verfahren einzuleiten. Dasselbe ist entweder

A. das Mandatsverfahren

oder

B. das Verfahren mündlicher Verhandlung.

A. Das Mandatsverfahren.

395 §. 18. Das Mandatsverfahren bildet die Regel. Das Gesetz schließt dasselbe nur aus:[29])

1) wenn der Beschuldigte dem Richter von dem Polizeianwalte vorgeführt wird;
2) wenn die Verhaftung des Beschuldigten erforderlich ist;
   Ges. v. 3. Mai 1852 Art. 122 (No. 283).
3) wenn der Polizeiverwalter auf Grund des Gesetzes vom 14. Mai 1852 (No. 301 ff.) eine Strafverfügung erlassen, und der Beschuldigte auf gerichtliche Entscheidung angetragen hat;
   Ges. v. 14. Mai 1852 §. 6 (No. 306).
4) interessirt hier nicht;
5) wenn es sich um eine durch das Holzdiebstahlsgesetz vom 2. Juni 1852 vorgesehene Uebertretung handelt.
   Ges. vom 2. Juni 1852 §. 29 (No. 67).

Außerdem ist

6) von dem Mandatsverfahren in solchen Fällen abzusehen, wo dem Polizeianwalt Behufs der erforderlichen Aufklärung des Sachverhältnisses oder aus sonstigen besondern Gründen eine mündliche Verhandlung als nothwendig erscheint.

396 §. 19. Liegt keiner der in dem §. 18 erwähnten Ausnahmefälle vor, so hat der Polizeianwalt bei dem Polizeirichter den Antrag zu

---

[29]) Außer den hier aufgezählten Fällen ist das Mandatsverfahren auch hinsichtlich der durch das Ges. v. 14. April 1856 dem Polizeirichter überwiesenen Vergehen ausgeschlossen (oben No. 255).

stellen, daß die verwirkte Strafe, ohne vorgängige Hauptverhandlung durch eine Strafverfügung festgesetzt werde.

Dieser Antrag muß enthalten:

a) die möglichst genaue Bezeichnung des Beschuldigten;
b) die Angabe der Thatsachen, durch welche die Uebertretung begangen sein soll, und die bestimmte Bezeichnung der letztern;
c) die dafür vorhandenen Zeugen und sonstigen Beweise;
d) die Anführung der anzuwendenden Strafvorschrift, und wenn eine Bezirks- oder Lokalpolizei-Verordnung übertreten ist, die Stelle des Amtsblattes oder der sonstigen öffentlichen Sammlung, wo die Verordnung zu finden ist;
e) den Antrag auf eine bestimmte, nach Art und Höhe zu bezeichnende Strafe. Geht der Antrag auf eine Geldstrafe, so ist zugleich unter Beachtung der Vorschrift des §. 335 Str.-Ges.-B. das Maß der Freiheitsstrafe zu beantragen, welche für den Fall, daß die Geldbuße nicht beigetrieben werden kann, an deren Stelle treten soll.

Ges. v. 3. Mai 1852 Art. 122. 132. 133 (No. 283. 349. 350).

§. 20. Wenn der Polizeirichter die Erlassung einer Strafverfügung ablehnt, so hat der Polizeianwalt hiergegen keine Beschwerde zu erheben, sondern geeignetenfalls die Einleitung des mündlichen Verfahrens zu beantragen (§§. 26 ff.). 397

Ges. v. 3. Mai 1852 Art. 128 (No. 291).

§. 21. Wird von dem Polizeirichter zwar eine Strafverfügung erlassen, aber die Strafe geringer oder in anderer Art festgesetzt, als der Polizeianwalt beantragt hatte, so hat dieser, wenn er sich dabei nicht beruhigen zu können glaubt, nicht Beschwerde zu erheben, sondern innerhalb dreier Tage nach der ihm gewordenen Mittheilung der Strafverfügung die Einleitung des mündlichen Verfahrens zu beantragen (§§. 26 ff.). 398

Ges. v. 3. Mai 1852 Art. 123. 128 (No. 286. 291).

§. 22. Die Strafverfügung erlangt, wenn der Beschuldigte dagegen nicht innerhalb zehn Tage nach deren Zustellung Einspruch erhebt, die Kraft eines vollstreckbaren Urtheils, wogegen ein weiteres Rechtsmittel nicht stattfindet, sofern nicht in Gemäßheit der Bestimmungen des Art. 130 des Gesetzes vom 3. Mai 1852 eine Wiedereinsetzung in den vorigen Stand eintritt. 399

Ges. v. 3. Mai 1852 Art. 125 (No. 288).

§. 23. Erhebt der Beschuldigte innerhalb zehn Tage nach Zustellung der Strafverfügung Einspruch dagegen, so wird ein Termin zur mündlichen Verhandlung anberaumt, ohne daß es der Einreichung 400 einer Anklageschrift bedarf, und ohne daß über die Eröffnung der Untersuchung Beschluß gefaßt wird.

Ges. v. 3. Mai 1852 Art. 125 (No. 288).

401 §. 24. Erscheint der Beschuldigte in dem zur mündlichen Verhandlung angesetzten Termine nicht, so stellt der Polizeianwalt den Antrag, daß der Einspruch ohne weitere Verhandlung durch Urtheil verworfen werde.

Ges. v. 3. Mai 1852 Art. 126 (No. 289).

402 §. 25. Wenn der Beschuldigte in dem angesetzten Termine persönlich oder durch einen Vertreter erscheint, so wird zur Hauptverhandlung geschritten (§§. 31 ff.). Der Polizeianwalt ist befugt, am Schlusse derselben eine andere Strafe zu beantragen, als in der Strafverfügung festgesetzt war.

Ges. v. 3. Mai 1852 Art. 127 (No. 290).

B. Verfahren mit mündlicher Verhandlung.

403 §. 26. In den Fällen des §. 18 No. 1. 2 und 6, ferner in solchen, wo der Polizeirichter die Erlassung einer Strafverfügung ablehnt (§. 20), oder wo der Polizeianwalt innerhalb der dreitägigen Frist nach Mittheilung der Strafverfügung die Einleitung des mündlichen Verfahrens beantragt hat (§. 21), kommen die nachstehenden Bestimmungen zur Anwendung.

Ges. v. 3. Mai 1852 Art. 128 (No. 291).

404 §. 27. Der Polizeianwalt hat in der Regel eine schriftliche Anklage einzureichen. Wenn jedoch das Sachverhältniß einfach ist, der Beschuldigte sich am Orte befindet und dem Richter sogleich vorgeführt werden kann, so ist auch die mündliche Anbringung der Anklage zulässig.

Verordn. v. 3. Januar 1849 §§. 29. 30 (No. 292. 293).

Werden Uebertretungen auf Märkten, von wandernden Handwerksgesellen oder andern nur auf kurze Zeit anwesenden Personen begangen, so ist die Anklage der Regel nach mündlich anzubringen.

405 §. 28. Die schriftliche Anklage muß die im §. 19 zu a bis d bezeichneten Angaben, und statt des Antrags zu e den Antrag auf Eröffnung der Untersuchung enthalten.

Alles Unwesentliche ist aus der Anklage wegzulassen; Rechtsausführungen gehören lediglich zur mündlichen Hauptverhandlung.

War bereits ein Antrag auf Erlassung einer Strafverfügung eingereicht, jedoch entweder der Antrag abgelehnt (§. 20), oder der Strafverfügung keine Folge gegeben (§. 21), so kann der Polizeianwalt, statt eine Anklageschrift einzureichen, auf jenen Antrag Bezug nehmen.

406 §. 29. Uebertretungen derselben Art können, auch wenn sie ver-

schiedenen Personen zur Last gelegt werden, in einer einzigen Anklageschrift zusammengefaßt werden.

Ges. v. 3. Mai 1852 Art. 121 (No. 282).

§. 30. Wird der Antrag auf Eröffnung der Untersuchung zurück- 407
gewiesen, so ist die Frist zur Beschwerde, welche dem Polizeianwalt gegen diesen Beschluß zusteht (§. 7), eine zehntägige, welche mit dem Ablaufe des Tages beginnt, an dem die Mittheilung des Bescheides an ihn erfolgt ist.

Verordn. v. 3. Januar 1849 §. 12 (No. 351).

§. 31. Wenn die Untersuchung eröffnet wird, so hat der Poli- 408
zeianwalt bei der alsdann eintretenden Hauptverhandlung, welche bei Strafe der Nichtigkeit nicht ohne seine Zuziehung stattfinden darf, die Anklage, auch wenn sie schriftlich eingereicht ist, mündlich vorzutragen.

Eine Zurücknahme der Anklage ist nach eröffneter Untersuchung nicht mehr zulässig, vielmehr ist jede durch richterliche Verfügung eingeleitete Untersuchung durch Erkenntniß zu beendigen.

§. 32. Der Polizeirichter kann aus dem Grunde, weil die Sache 409
nicht vor ihn, sondern vor den Polizeirichter eines andern Bezirks gehöre (§§. 9—11), seine Inkompetenz nach eröffneter Untersuchung nicht mehr aussprechen; der Polizeianwalt darf also auch hierauf nicht antragen.

Der Angeschuldigte muß die auf jenen Grund gestützte Einrede der Inkompetenz bei Verlust derselben vor dem Beginne des Beweisverfahrens geltend machen. War die Einrede ungegründet oder verspätet, und erläßt der Richter gleichwohl einen Inkompetenzbeschluß, so hat der Polizeianwalt zur Beschwerde über diesen Beschluß eine zehntägige Frist.

Ges. v. 3. Mai 1852 Art. 5 (No. 268).

§. 33. Der nach Anhörung des Beschuldigten, beziehungsweise 410
nach erfolgter Beweisaufnahme, mit Rücksicht auf das Ergebniß der mündlichen Verhandlung von dem Polizeianwalt zu stellende Schlußantrag ist dahin zu richten, entweder

a) daß der Angeschuldigte der näher zu bezeichnenden Uebertretung für schuldig, oder für nicht schuldig erklärt, und im erstern Falle, daß er mit der nach Art und Höhe genau anzugebenden Strafe belegt werde, wobei, wenn es sich um eine Geldbuße handelt, die Bestimmung des §. 19 zu e ebenfalls zur Anwendung kommt, oder

b) wenn die Beweise noch nicht erschöpft sind, daß ein Termin zur Fortsetzung des Verfahrens bestimmt werde.

Verordn. v. 3. Januar 1849 §§. 22. 34 (No. 278. 297).

Sollte die mündliche Verhandlung

c) ergeben, daß nicht eine Uebertretung, sondern ein Vergehen oder ein Verbrechen vorliege, so hat der Polizeianwalt den Antrag zu stellen, daß der Polizeirichter seine Inkompetenz durch Erkenntniß ausspreche.
Ges. v. 3. Mai 1852 Art. 7 (No. 262).

411 §. 34. Erscheint der Beschuldigte, der gehörig erfolgten Vorladung ungeachtet, in dem zur Verhandlung anberaumten Termine weder in Person, noch durch einen Vertreter, so hat der Polizeianwalt zu beantragen, daß gleichwohl zur Verhandlung und Entscheidung geschritten werde, insofern nicht besondere Gründe den Antrag rechtfertigen, daß das persönliche Erscheinen des Beschuldigten und nöthigenfalls dessen zwangsweise Vorführung angeordnet werde.
Verordn. v. 3. Januar 1849 §. 35 (No. 298).
Ges. v. 3. Mai 1852 Art. 23.

412 §. 35. Gegen abwesende oder flüchtige Beschuldigte ist zwar die Einleitung des Kontumazialverfahrens mit öffentlicher Vorladung zulässig, wenn aus besondern Gründen darauf angetragen wird.
Ges. v. 3. Mai 1852 Art. 34—36. 46—50.

Der Polizeianwalt hat jedoch einen solchen Antrag nur mit Genehmigung des Ober-Staatsanwalts zu stellen.

413 §. 36. Das gegen Erkenntnisse des Polizeirichters zulässige Rechtsmittel ist der Regel nach der Rekurs (vergl. §. 94).[30])

Derselbe findet insbesondere statt, wenn der Richter mit Unrecht sich für kompetent oder für inkompetent erklärt, den Beschuldigten freigesprochen oder in eine zu geringe Strafe verurtheilt hat.

Der Polizeianwalt ist befugt, auch im Interesse des Beschuldigten den Rekurs einzulegen.
Verordn. v. 3. Januar 1849 §. 165 (No. 358.)
Ges. v. 3. Mai 1852 Art. 1. 7. 8 (No. 262. 263).

414 §. 37. Die Frist zur Anmeldung und Rechtfertigung des Rekurses ist eine präklusivische von zehn Tagen, welche mit dem Ablaufe des Tages beginnt, an welchem das erste Urtheil verkündet worden ist.
Verordn. v. 3. Januar 1849 §§. 165. 167. 127. (No. 358. 360. 365).

415 §. 38. Das Rekursgesuch muß enthalten: die Beschwerden des Polizeianwalts, d. h. die bestimmte Angabe, inwiefern nach der Ansicht desselben unrichtig erkannt ist, ferner die Gründe für diese Ansicht, sowie die zur Ueberführung des Beschuldigten etwa ermittelten neuen Thatsachen und Beweismittel, insoweit sie noch zulässig sind, endlich

[30]) Der hier citirte §. 49 bezieht sich auf die Zuwiderhandlungen gegen die Vorschriften über die Erhebung öffentlicher Abgaben und Gefälle, bei denen nicht der Rekurs, sondern die Appellation stattfindet. Diese Fälle interessiren hier nicht. Einen andern, neu hinzugetretenen Ausnahmefall, wo ebenfalls die Appellation stattfindet, siehe oben No. 358 und die Anm. 23 dazu.

den bestimmten Antrag, wie nach der Meinung des Polizeianwalts in der höheren Instanz zu erkennen sei.

Es ist hierbei zu beachten, daß der Rekurs auf neue Beweismittel über bereits angeführte Thatumstände nicht gegründet werden kann, auf neue Thatumstände aber nur insoweit, als dieselben bei der Anführung zugleich bescheinigt werden.

Verordn. v. 3. Januar 1849 §. 166 (No. 359).

§. 39. Das Rekursgesuch wird bei dem Polizeirichter eingereicht. 416
Der Polizeianwalt hat, es mag der Rekurs von ihm oder von dem Beschuldigten eingelegt sein, die ihm von dem Polizeirichter mitzutheilenden gerichtlichen Akten sofort dem Ober-Staatsanwalt zur weitern Beförderung an das Appellationsgericht zu übersenden, und denselben seine Büreau-Akten beizufügen.

§. 40. Wenn das gegen Erkenntnisse des Polizeirichters zulässige 417
Rechtsmittel ausnahmsweise (§. 49)[31]) nicht der Rekurs, sondern die Appellation ist, so kommen die Bestimmungen der §§. 126—131 der Verordn. vom 3. Januar 1849 und die Art. 101. 102. 104. 105 des Gesetzes vom 3. Mai 1852 zur Anwendung.

Zu den Verschiedenheiten des alsdann eintretenden Verfahrens von demjenigen, welches im Falle des Rekurses stattfindet, gehört insbesondere:

1) Der Appellant kann dasjenige, was der erste Richter als thatsächlich feststehend angenommen hat, mittelst neuer Thatsachen und neuer Beweismittel anfechten. Die bei dem Rekurse eintretende Beschränkung dieser Befugniß (§. 38) findet nicht statt, und namentlich bedarf es einer Bescheinigung der neuen Thatsachen nicht.

   Verordn. v. 3. Januar 1849 §. 126.
   Ges. v. 3. Mai 1852 Art. 101 (No. 364).

2) Zur Rechtfertigung der Appellation, namentlich zur Anführung neuer Thatsachen oder Beweismittel, ist eine mit dem Ablaufe des Tages der erfolgten Anmeldung beginnende besondere Frist zugelassen.

   Verordn. v. 3. Januar 1849 §. 129 (No. 367).
   Ges. v. 3. Mai 1852 Art. 104 (No. 370).

3) Die Appellationsschrift wird dem Appellaten zur Gegenerklärung mitgetheilt, in welcher letztern ebenfalls neue Thatsachen oder Beweismittel angebracht werden dürfen.

   Verordn. v. 3. Januar 1849 §. 130 (No. 368).
   Ges. v. 3. Mai 1852 Art. 104 (No. 370).

4) Die Versendung der Akten (§. 39) erfolgt, wenn die Gegen-

---

[31]) S. oben No. 413 und die vorstehende Anm. 30 dazu.

erklärung auf die Appellationsschrift eingegangen, oder die zur Anbringung der Gegenerklärung gestattete Frist verstrichen, oder auf eine Gegenerklärung verzichtet ist. Diesen Verzicht hat der Polizeianwalt in Fällen, wo er sich zu einer Gegenerklärung nicht veranlaßt findet, ohne Verzug zur Kenntniß des Richters zu bringen.

IV. Besondere Arten des Verfahrens.

A. Bei vorläufigen Straffestsetzungen durch die Polizeiverwalter.

Gesetz vom 14. Mai 1852 (oben No. 301 ff.).
Reglement vom 30. September 1852 (oben No. 313 ff.).

418 §. 41. Nach dem Gesetze vom 14. Mai 1852 ist derjenige, welcher die Polizeiverwaltung in einem bestimmten Bezirke auszuüben hat, befugt, wegen der in diesem Bezirke verübten, sein Ressort betreffenden Uebertretungen die Strafe vorläufig durch Verfügung festzusetzen, welche jedoch fünf Thaler Geldbuße oder dreitägiges Gefängniß nicht überschreiten darf.

Ueber die Ausübung oder Nichtausübung dieser Befugniß steht dem Polizeianwalte eine Kognition nicht zu; er darf daher die Verfolgung nicht aus dem Grunde ablehnen, weil eine vorläufige Straffestsetzung durch den Polizeiverwalter zulässig sei.

419 §. 42. Gegen eine von dem Polizeiverwalter erlassene Strafverfügung kann derjenige, gegen den sie ergangen ist, innerhalb zehn Tage, vom Tage der Insinuation der Verfügung an, diesen Tag nicht mitgerechnet, nicht bloß bei dem Polizeiverwalter oder dem Polizeirichter, sondern auch bei dem Polizeianwalt auf gerichtliche Entscheidung antragen.

Wird der Antrag bei dem Polizeianwalt angebracht, so hat dieser hierüber eine Registratur aufzunehmen, und dem Antragsteller eine Bescheinigung über die erfolgte Anmeldung zu ertheilen.

420 §. 43. Demnächst hat der Polizeianwalt nach Empfang des die vorläufige Straffestsetzung enthaltenden Aktenbogens denselben dem Polizeirichter Behufs Ansetzung eines Termins zur mündlichen Verhandlung vorzulegen. Der Einreichung einer Anklageschrift bedarf es nicht, indem die Strafverfügung die Anklage vertritt. Die Zurücknahme der Anklage ist nicht zulässig.

Bei der vom Polizeirichter ohne Weiteres einzuleitenden Hauptverhandlung hat der Polizeianwalt das Sachverhältniß mündlich vorzutragen. In seinen Anträgen ist er durch die vorläufige Strafverfügung in keiner Weise gebunden.

Im Uebrigen findet das in den §§. 31 ff. bezeichnete Verfahren statt.
Ges. v. 14. Mai 1852 §. 6 (No. 306).

§. 44. Wird der Antrag auf gerichtliche Entscheidung vom Ge- 421
richt als zu spät angebracht zurückgewiesen, so ist der Aktenbogen nebst den etwaigen sonstigen Verhandlungen in der Sache durch den Polizeianwalt an den Polizeiverwalter, welcher die Strafverfügung erlassen hat, zurückzusenden.

B. Verfahren bei Zuwiderhandlungen gegen die Vorschriften über die Erhebung öffentlicher Abgaben und Gefälle, insbesondere der Steuern, Zölle, Postgefälle und Kommunikationsabgaben.

§§. 45—52. Diese Bestimmungen interessiren hier nicht, weil die betreffenden Materien den nur für die Forstreviere bestellten Polizeianwalten in der Praxis nicht vorkommen.

C. Verfahren wegen Diebstahls an Holz und andern Waldprodukten.

(Gesetz vom 2. Juni 1852 (oben No. 39 ff.).

§. 53. Bei den im §. 8 No. 3 dieser Instruktion bezeichneten 422
strafbaren Handlungen kommen in Beziehung auf die Kompetenz und das Verfahren die §§. 24—40 des Gesetzes vom 2. Juni 1852 zur Anwendung.

D. Umwandlung einer rechtskräftig festgesetzten Geldbuße in Gefängnißstrafe.

§. 54. Wenn sich bei Vollstreckung eines Urtheils das Unver- 423
mögen des Verurtheilten zur Entrichtung einer Geldbuße ergiebt, und in dem Urtheil nicht festgesetzt worden ist, welche Freiheitsstrafe für diesen Fall an die Stelle der Geldbuße treten soll, so ist dieselbe von demjenigen Gerichte, welchem die Strafvollstreckung zusteht, in eine verhältnißmäßige Freiheitsstrafe zu verwandeln, nachdem der Polizeianwalt mit seinem Antrage gehört worden ist.

Ein mündliches Verfahren findet hierbei nicht statt, vielmehr hat der Polizeianwalt seinen Antrag schriftlich zu stellen und dabei die Vorschrift des §. 335 Str.-Ges.-B. (oben No. 34) zu beachten.

Ges. v. 3. Mai 1852 Art. 132. 133. (No. 349. 350).

§. 55. Ist der Polizeianwalt der Ansicht, daß bei der Umwand- 424
lung der Geldbuße in Gefängnißstrafe ein ungesetzlicher oder ein nicht angemessener Maßstab zum Grunde gelegt sei, so kann er Beschwerde erheben (§. 7). Die Frist zur Einlegung derselben ist eine zehntägige, welche mit dem Ablaufe des Tages beginnt, an welchem die Bekanntmachung des Beschlusses erfolgt ist.

Ges. v. 3. Mai 1852 Art. 133 (No. 350).

§. 56 interessirt hier nicht.

V. Mittheilung der gerichtlichen Erkenntnisse an andere Behörden.

§. 57. Einer Mittheilung der Erkenntnisse des Polizeirichters an 425 andere Behörden bedarf es in der Regel nicht; sie findet jedoch in folgenden Fällen (§§. 58—62) statt.[32])

426 §. 58. Wenn gegen einen im unmittelbaren oder mittelbaren Staatsdienste stehenden Beamten oder einen Landwehr-Offizier auf Strafe erkannt worden ist, so ist der unmittelbar vorgesetzten Dienstbehörde des Verurtheilten Abschrift des Tenors des rechtskräftigen Erkenntnisses mitzutheilen.

§§. 59 und 60 interessiren hier nicht.

427 §. 61. Von allen rechtskräftigen Entscheidungen, bei welchen Staats-, Gemeinde- oder Korporations-Kassen interessiren, ist der betreffenden Behörde Mittheilung zu machen. Dies gilt namentlich hinsichtlich der Strafurtheile wegen Post-Kontraventionen, und erfolgt in diesem Falle die Mittheilung an die betreffende Ober-Post-Direktion.

Ist zur Justifikation von Rechnungsposten oder aus einem andern Grunde eine beglaubigte Abschrift von dem Urtheilstenor erforderlich, so ist dieselbe zu ertheilen.

428 §. 62. Insoweit im öffentlichen Interesse noch sonstige oder ausführlichere Mittheilungen an andere Behörden in einzelnen Fällen als nothwendig oder zweckmäßig erscheinen, sind dieselben von Amtswegen oder auf Ersuchen zu machen.

429 §. 63. In allen vorbezeichneten Fällen (§§. 58—62) hat der Polizeianwalt die Untersuchungs-Akten aus der Registratur des Gerichts brevi manu abzuverlangen, die erforderliche Abschrift fertigen zu lassen, dieselbe, soweit es erforderlich ist, zu beglaubigen und der betreffenden Behörde brevi manu zu übersenden.

VI. Registratur-Einrichtung.

430 §. 64. Jeder Polizeianwalt hat folgende Geschäfts-Kontrolen zu führen:

1) einen Tagezettel,
2) eine Prozeßliste und
3) einen Termins- und Reproduktions-Kalender.

431 §. 65. Der Tagezettel ist nach dem beigefügten Schema A (unten No. 444) einzurichten. Jedes eingehende Schriftstück ist sofort nach dessen Eingange zu präsentiren, unter Ausfüllung der

---

[32]) Außer den hier bezeichneten Fällen hat der Polizeianwalt auch hinsichtlich der durch das Gesetz vom 14. April 1856 der Kompetenz des Polizeirichters überwiesenen Vergehen von der rechtskräftigen Verurtheilung nicht allein der Polizeibehörde am Wohnorte des Angeklagten, sondern auch dem betreffenden Kreisgerichte, wofern die Verurtheilung von einem andern Gerichte erfolgt ist, Mittheilung zu machen.

Kolonnen 1. 2 und 3 in den Tagezettel einzutragen und mit der Nummer desselben zu versehen.

Nach der Bearbeitung sind die übrigen Kolonnen des Tagezettels auszufüllen, so daß aus denselben zu jeder Zeit die Erledigung jedes einzelnen Schriftstücks ersehen werden kann.

Schreiben der Gerichte, welche nur eine Benachrichtigung von anstehenden Terminen enthalten, sind in den Tagezettel ni t einzutragen.

§. 66. Die Prozeßliste ist nach dem beigefügten Schema B 432
(unten No. 445) einzurichten. Jede neu eingehende Sache, mag dieselbe vom Polizeianwalt weiter verfolgt, oder zurückgewiesen, oder an andere Behörden abgegeben werden, ist sofort nach dem Eingange unter Ausfüllung der Kolonnen 1 bis 5 in die Prozeßliste einzutragen.

Jede einzelne Sache erhält nur eine Nummer.

In dem weitern Verfahren sind die Kolonnen 6 bis 10 in der Art auszufüllen, daß der Tag, an welchem vom Polizeianwalt die Zurückweisung erfolgt, die Abgabe an andere Behörden verfügt, Anklage erhoben, oder an welchem das Erkenntniß ergangen ist u. s. w., in die entsprechende Kolonne eingerückt wird.

Diese Nachtragungen müssen geschehen, so oft und sobald sich dazu eine Veranlassung darbietet, damit zu jeder Zeit die Lage jeder einzelnen Sache aus der Prozeßliste ersehen werden kann.

In der Kolonne 6 werden nur diejenigen Sachen vermerkt, deren Verfolgung der Polizeianwalt ablehnt. Wenn durch Beschluß des Richters auf den Strafantrag oder die Anklage des Polizeianwalts ein Strafverfahren nicht eingeleitet wird, so ist dies in der Kolonne 11 zu vermerken.

Die Eintragungen in die Prozeßliste erfolgen nach der Zeitfolge (nicht nach dem Alphabet) unter fortlaufenden Nummern.

Außerdem ist zu der Liste ein alphabetisches Register zu halten, in welchem bei jedem Namen die Nummer der Prozeßliste vermerkt sein muß.

Mit dem Ablaufe des Geschäftsjahres am 30. November ist die Prozeßliste abzuschließen, und eine neue Liste mit einer neuen Zahlenreihe zu beginnen. Die am 30. November noch nicht vollständig erledigten Sachen, in denen die Reposition noch nicht erfolgen kann, sind in der abgeschlossenen Prozeßliste roth zu unterstreichen und besonders zu kontroliren. Eine Uebertragung dieser noch nicht erledigten Sachen in die neue Prozeßliste findet nicht statt.

§. 67. Der Reproduktions- und Terminskalender, zu 433
welchem in der Regel ein gewöhnlicher Terminskalender ausreicht, ist zur Aufzeichnung der abzuwartenden Termine und zur Anmerkung der

Fristen, innerhalb deren Erinnerungen oder Mittheilungen an Behörden oder Privatpersonen zu machen, oder sonstige Amtsverrichtungen zu besorgen sind, bestimmt.

434 §. 68. Ueber jede wirklich eingeleitete Untersuchung sind in einfacher Form besondere Bureau-Akten anzulegen. Die auf die Untersuchung bezüglichen Anzeigen, Verhandlungen und sonstigen Schriftstücke sind, soweit sie auf die Untersuchung von Einfluß sind, gleichzeitig mit der Anklage zu den gerichtlichen Akten abzugeben. Zu den Bureau-Akten sind nur Notizen in der Art zurückzubehalten, daß in denselben die Nummer, unter welcher das Schriftstück in den Tagezettel eingetragen ist, angegeben, und dabei der Inhalt, sowie was weiter damit geschehen, kurz vermerkt wird.

In dieser Weise ist überhaupt mit jedem zu einer Sache eingehenden Schriftstücke, welches nicht bei den Bureau-Akten verbleibt, zu verfahren, so daß letztere über den Verbleib sämmtlicher zu einer Sache eingegangenen Schriftstücke vollständige Auskunft geben.

Der Antrag auf Erlassung einer Strafverfügung, sowie die Anklageschrift kann ebenfalls in Urschrift an den Richter gelangen; es genügt auch hier, daß der Inhalt des Antrags oder der Anklage kurz zu den Bureau-Akten vermerkt wird. Dieselben müssen ferner über den weitern Verlauf der Sache, namentlich darüber Notizen enthalten, welchen Antrag der Polizeianwalt im Termine zur mündlichen Verhandlung gestellt hat, wie demnächst erkannt, ob und von wem ein Rechtsmittel eingelegt ist, und in welcher Weise die in den §§. 58—63 dieser Instruktion angeordneten Mittheilungen über den Ausfall der richterlichen Entscheidung geschehen sind.

435 §. 69. Die Bureau-Akten über vollständig erledigte Untersuchungssachen können zu Kollekten-Akten, entweder nach den einzelnen Ortschaften des Amtsbezirks, oder nach den Gattungen der Uebertretungen, oder nach Geschäftsjahren gesondert, gesammelt werden. Bis zur vollständigen Erledigung anhängiger Untersuchungen sind aber die Bureau-Akten gesondert zu halten.

436 §. 70. Alle von dem Polizeianwalt oder von dem Polizeirichter zurückgewiesenen Denunziationen und Anklagen, welche nicht zur Einleitung gelangen, die Notizen über die von dem Polizeianwalt an andere Behörden abgegebenen Sachen, sowie die Aufträge des Ober-Staatsanwalts und die Requisitionen anderer Behörden, welche nicht zu Spezialsachen gehören, sind der Zeitfolge nach zu Kollekten-Akten zu bringen.

437 §. 71. Ueber Gegenstände allgemeiner Beschaffenheit, z. B. Ein-

richtung der Polizeianwaltschaft, allgemeine Verordnungen, Geschäftsübersichten und dergleichen, müssen General-Akten angelegt werden.

General- und Kollekten-Akten (§§. 69. 70) sind mit einem vorzuheftenden Inhaltsverzeichnisse zu versehen.

§. 72. Die Bureau-Akten in allen vollständig beendeten Sachen 438
unterliegen der Kassation nach Ablauf von fünf Jahren, von der rechtskräftigen Entscheidung an gerechnet.

Die Kassation der Geschäfts-Kontrolen kann erfolgen, sobald die Akten in sämmtlichen, in dem betreffenden Jahrgange der Prozeßliste verzeichneten Sachen kassirt worden sind.

Der Polizeianwalt sondert die zur Kassation geeigneten Akten aus, entfernt aus denselben diejenigen Schriftstücke, welche nach seinem Ermessen eine fernere amtliche Aufbewahrung erfordern, und übergiebt die ausgesonderten Akten mit einem Verzeichnisse dem Gerichte seines Wohnortes zur Bewirkung ihres Verkaufs, welcher bei Gelegenheit des Verkaufs gerichtlicher Akten erfolgt. Ueber die Abgabe der Akten ist eine von dem betreffenden Richter mit zu vollziehende Verhandlung aufzunehmen, welche zu den General-Akten genommen wird.

General-Akten dürfen nicht kassirt werden.

VII. Besondere Bestimmungen.

§. 73. Es ist darauf zu achten, daß jede unnöthige Schreiberei 439
vermieden wird. Requisitionen und Korrespondenzen zwischen den Polizeianwalten und den Gerichten oder andern Behörden sind der Regel nach nicht in Form expedirter Schreiben, sondern durch Marginal-Anschreiben zu erlassen.

Dasselbe gilt für den Geschäftsverkehr zwischen den Ober-Staatsanwalten und den Polizeianwalten.

§. 74. Insofern in einer Sache bei dem Polizeianwalt baare 440
Auslagen entstehen, hat derselbe die Liquidation nebst Belägen sofort dem Gerichte zu überreichen, damit diese Auslagen gleich den bei dem Gericht entstehenden baaren Auslagen behandelt und nöthigenfalls auf den Kriminalfond angewiesen werden.

§. 75. Wenn die Polizeianwalte in dieser Eigenschaft Reisen zu 441
unternehmen haben, so dürfen sie, insofern sie, abgesehen von ihrer Eigenschaft als Polizeianwalte, Beamte sind, diejenigen Reisekosten und Diäten liquidiren, welche ihnen als Beamten nach der Verordnung vom 28. Juni 1825 (Ges.-S. S. 151) zustehen. Sofern sie jedoch außer ihrer Stellung als Polizeianwalte keine anderweitige amtliche Funktion bekleiden, ist nach dem Satze C. II. No. 13 in §. 1 der Verordnung vom 28. Juni 1825 und dem Allerhöchsten Erlasse vom 10. Juni 1848

ihnen an Diäten 1 Thlr. 10 Sgr. und an Reisekosten außerhalb der Eisenbahn 15 Sgr. für die Meile zu bewilligen.

Solche Kosten dürfen jedoch nur in sehr seltenen Ausnahmefällen vorkommen, da die Polizeianwalte nur bei den Gerichten ihres Wohnortes als Vertreter der Staatsanwaltschaft zu fungiren, Untersuchungs-Verhandlungen, Verhaftungen und Beschlagnahmen aber nach §. 7 der Verordnung vom 3. Januar 1849 in der Regel nicht selber vorzunehmen, sondern bei den Polizeibehörden oder bei den betreffenden Gerichten zu beantragen haben. Wenn dergleichen Kosten aber vorkommen, so sind sie als ein Bestandtheil der Untersuchungskosten zu betrachten.

Kosten für Reisen, welche der am Sitze des Gerichts nicht ansässige Polizeianwalt zu machen hat, um den Terminen zur mündlichen Verhandlung an der Gerichtsstelle beizuwohnen, gehören nicht zu den Untersuchungskosten, sondern werden aus den polizeilichen Fonds der Regierung gezahlt.

442 §. 76. Jeder Polizeianwalt hat in der Zeit vom 1. bis 15. Dezember jeden Jahres dem Ober-Staatsanwalt eine Uebersicht seiner Geschäfte nach dem beigefügten Schema C (unten No. 446) in einem Exemplar einzureichen, und in dem Begleitungsberichte seine etwaigen Bemerkungen über die Geschäftsverwaltung oder über Einrichtungen, welche seinem Ermessen nach zu treffen sein möchten, beizufügen.

443 §. 77. Diese Instruktion tritt mit dem 1. Dezember 1852 in Kraft und an die Stelle der Instruktion vom 23. April 1849.

Berlin, den 24. November 1852.

Der Justiz-Minister
Simons.

A. Tagezettel

für das Jahr vom 1. Dezember 185.. bis 30. November 185..

1.	2.	3.	4.	5.	6.	7.
No.	Bezeichnung des eingegangenen Schriftstücks.	Tag des Eingangs.	Kurzer Inhalt der Verfügung darauf.	Tag der Abfertigung.	Nummer der Prozeßliste.	Bemerkungen.

B. Prozeßliste

für das Jahr vom 1. Dezember 185.. bis 30. November 185..

1.	2.	3.	4.	5.	6.	7.	8.	9.	10.		11.
Laufende No.	Tag des Eingangs.	Namen.	Vornamen, Stand und Wohnort	Bezeichnung der Uebertretung.	Vom Polizeianwalt zurückgewiesen.	An andere Behörden abgegeben.	Anklage oder Antrag auf Strafverfügung.	Strafverfügung.	Erkenntniß 1. Instanz.	Erkenntniß 2. Instanz.	Bemerkungen.
1.	1. Dezember 1852	Schmidt	Johann. Dienstknecht aus Prenzlau.	Verübung groben Unfugs. §. 340 Str.-Ges.-B.	—	—	5. Dezember.	—	20. Dezember.	30. Januar	—

446 **C. Uebersicht**

der Geschäfte des Polizeianwalts N. zu N. für das Jahr vom 1. Dezember 185.. bis 30. November 185..

1.	2.	3.		4.	5.		6.	7.	8.	9.
		Davon vom Polizeianwalt			Durch Erkenntniß 1. Instanz erledigt:					
Zahl der Nrn. des Tagezettels.	Zahl der neu eingegangenen Sachen.	zurückgewiesen.	an andere Behörden abgegeben.	Anträge auf Strafverfügungen und Anklagen.	freigesprochen.	verurtheilt.	Es bleiben unerledigt.	Zahl der Audienztermine.	Zahl der Audienztage.	Bemerkungen.

B. Zusätzliche Bestimmungen zu der Instruktion für die Polizeianwalte vom 24. November 1852, in Beziehung auf das Verfahren bei Verfolgung der Diebstähle an Holz und andern Waldprodukten.

Vom 1. Juli 1853 (Just.-Min.-Bl. S. 243.)

447 I.

Die in der Instruktion vom 24. November 1852 enthaltenen Vorschriften sind, soweit nicht etwas Anderes bestimmt ist, auch von den in Gemäßheit des §. 26 des Gesetzes vom 2. Juni 1852 zu Polizeianwalten bestellten verwaltenden Forstbeamten zu beachten.

448 II.

Hinsichtlich des Verfahrens kommen bei Verfolgung der in dem Gesetze vom 2. Juni 1852 mit Strafe bedrohten Handlungen die §§. 13—16, 29—35, 37—39 der Instruktion vom 24. November 1852, nicht aber, da das Mandatsverfahren ausgeschlossen ist, die §§. 17—28 zur Anwendung. An Stelle der letztern und der §§. 36. 40 sind die Bestimmungen des Gesetzes vom 2. Juni 1852 §§. 27—40 maßgebend.

Dabei ist zu bemerken:

a) Einer besondern Anklageschrift bedarf es nicht. Die Stelle derselben kann das im §. 28 des Gesetzes vom 2. Juni 1852 vorgeschriebene Verzeichniß vertreten. Wenn sich gegen die Vollständigkeit desselben nichts zu erinnern findet, so überreicht der Polizeianwalt das eine Exemplar dem Gericht mit dem schriftlichen Antrage:

hinsichtlich derjenigen, nach den Nummern zu bezeichnenden Fälle, wegen welcher der Polizeianwalt die Verfolgung für begründet erachtet, gegen die Beschuldigten die Untersuchung zu eröffnen.

b) In Betreff derjenigen Fälle, welche der Polizeianwalt zur Verfolgung nicht für geeignet erachtet, hat derselbe den Denunzianten sofort von der Ablehnung unter Angabe des Grundes zu benachrichtigen.

c) Wenn nicht alle Denunziationsfälle in der Gerichtssitzung zur Erledigung gelangen, so können die unerledigt gebliebenen Fälle mit Bezeichnung der frühern Nummern in dem nächsten Verzeichnisse vorgetragen werden. Dieselben sind sodann mit den neuen Fällen dieses Verzeichnisses weiter zu verfolgen.

III. 449

In Betreff der Registratur-Einrichtung können von den Ober-Staatsanwalten nachstehende Modifikationen der in den §§. 64—69 der Instruktion enthaltenen Vorschriften gestattet werden:

a) Die in Gemäßheit des §. 26 des Gesetzes vom 2. Juni 1852 bestellten Polizeianwalte können von der Führung des im §. 65 und 66 der Instruktion vorgeschriebenen Tagezettels und einer Prozeßliste unter der Voraussetzung entbunden werden,

daß die Polizeianwalte das in ihren Händen verbleibende Exemplar des Verzeichnisses (§. 28 des Gesetzes vom 2. Juni 1852) dazu benutzen, die Notizen über die jederzeitige Lage der einzelnen Untersuchungen darin übersichtlich einzutragen, so daß dieses Verzeichniß die Prozeßliste und den Tagezettel ersetzt.

Sofern der Polizeianwalt als Forstbeamter ein besonderes Forst-Journal zu führen hat, kann dieses Journal als Tagezettel für die polizeianwaltlichen Geschäfte mitbenutzt werden.

b) Die zur Verfolgung aller in ihrem Bezirke vorkommenden Uebertretungen bestellten Polizeianwalte sind befugt, die Forstdenunziations-Verzeichnisse als eine Nummer in die von ihnen in Gemäßheit der Instruktion vom 24. November 1852 zu haltenden Tagezettel und Prozeßliste einzutragen. Die Zahl der Denunziationsfälle jedes Verzeichnisses muß aber vermerkt werden.

c) Es bedarf nicht der Anlegung besonderer Bureau-Akten für jede einzelne Untersuchung; es genügt, daß nur über ein oder mehrere Verzeichnisse nebst den dazu gehörigen Schriftstücken ein besonderes Aktenstück angelegt werde, wobei die Sonderung nach Forstbezirken und nach Zeitabschnitten zweckmäßig ist.

450 IV.

Die am Schlusse des Geschäftsjahres an den Ober-Staatsanwalt einzureichende Geschäfts-Uebersicht (§. 76 C. der Instruktion) braucht in Betreff der erwähnten Untersuchungen nur zu enthalten:

1) die Zahl der Verzeichnisse aus jedem Forstbezirk,
2) die Zahl der Denunziationsfälle,
3) die Zahl der Audienztage.

451 V.

Die Anklagen wegen der Forst-Polizei-Kontraventionen, welche nicht in dem Verfahren des Gesetzes vom 2. Juni 1852, sondern nach den allgemeinen Vorschriften des Gesetzes vom 3. Mai 1852 und der Instruktion vom 24. November desselben Jahres ihre Erledigung erhalten, können in ähnliche tabellarische Anklage-Verzeichnisse, wie unter No. II verordnet ist, zusammengefaßt werden. Diese Verzeichnisse müssen aber nach Maßgabe der gedachten Bestimmungen besonders angelegt, und dürfen mit den Verzeichnissen wegen der Holzdiebstähle ꝛc. nicht verbunden werden.

Berlin, den 1. Juli 1853.

Der Justiz-Minister
Simons.

Anhang.

Die Jagdgesetze.

I. Gesetz, betreffend die Aufhebung des Jagdrechtes auf fremdem Grund und Boden und die Ausübung der Jagd.

Vom 31. Oktober 1848 (Ges.-S. S. 343).

Wir Friedrich Wilhelm ꝛc. verordnen auf den Antrag der zur Vereinbarung der Preußischen Staatsverfassung berufenen Versammlung, nach Anhörung Unseres Staatsministeriums, was folgt: *)

§. 1. Jedes Jagdrecht auf fremdem Grund und Boden ist ohne 452
Entschädigung aufgehoben.

Die bisherigen Abgaben und Gegenleistungen des Berechtigten fallen weg.

§. 2. Eine Trennung des Jagdrechtes vom Grund und Boden 453
kann als dingliches Recht künftig nicht stattfinden.

§. 3. Die Jagd steht jedem Grundbesitzer auf seinem Grund und 454
Boden zu. Er darf sie in jeder erlaubten Art, das Wild zu jagen und zu fangen, ausüben.

Den benachbarten Grundbesitzern bleibt überlassen, ihre Grundstücke zu einem gemeinschaftlichen Jagdbezirke zu vereinigen und die Jagd durch öffentliche Verpachtung oder durch einen angenommenen Jäger ausüben, oder auch gänzlich ruhen zu lassen. Kein Grundbesitzer kann aber zu einer solchen Vereinbarung genöthigt werden.

§. 4. Die Grundbesitzer sind in der Ausübung der Jagd nur 455
beschränkt durch die allgemeinen und die besondern jagdpolizeilichen

*) Die Bestimmungen dieses Gesetzes sind, zum Glück für die Jagd, wesentlich eingeschränkt durch das nachfolgende Jagdpolizei-Gesetz vom 7. März 1850.

Vorschriften, welche den Schutz der öffentlichen Sicherheit und die Schonung der Feldfrüchte bezwecken.

Das Recht der Jagdfolge ist aufgehoben.

456 §. 5. In allen Festungswerken ist allein die Militärverwaltung befugt, die Jagd durch besonders dazu ermächtigte Personen ausüben zu lassen.

Außerhalb dieser Werke, desgleichen um die Pulvermagazine und ähnliche Anstalten werden, auf Kosten der Militärverwaltung, Umkreise oder Rayons von zusammenhängender Fläche gebildet und bezeichnet, innerhalb welcher die Jagd mit Feuergewehren nicht ausgeübt werden darf, bei Vermeidung einer Polizeistrafe von 5 bis 20 Thalern, oder, im Unvermögensfalle, eines verhältnißmäßigen Gefängnisses.

Die weiteste Entfernung der Außenlinie von den ausspringenden Winkeln des Glacis der Pulvermagazine und ähnlicher Anstalten wird auf dreihundert Schritte festgesetzt. Die Abgrenzung erfolgt gemeinschaftlich von der Festungsbehörde, einem Deputirten des Stadtvorstandes und einem der Kreisverwaltung.

457 §. 6. Das gegenwärtige Gesetz tritt sofort in Kraft. In Ansehung der abgeschafften Jagdgerechtigkeit sind die bestehenden Pachtverträge aufgelöst. Der Pachtzins des laufenden Jahres ist zu berechnen nach Verhältniß der Zeit der diesjährigen Jagdnutzung.

458 §. 7. Alle schwebende Untersuchungen über Jagdkontraventionen sind aufgehoben und die Kosten niedergeschlagen. Die bereits erkannten Strafen nebst Kosten werden hiermit erlassen bei allen Jagdkontraventionen, sowie wegen solcher Wilddiebstähle, welche von Grundbesitzern auf eignem Grund und Boden seit der letzten Jagderöffnung verübt sind.

459 §. 8. Alle diesem Gesetze entgegenstehende allgemeine und besondere Bestimmungen, namentlich die Kabinetsordre vom 21. Januar 1812 und die Verordnung vom 17. April 1830, — desgleichen die jagdpolizeilichen Vorschriften über die Schon-, Setz- und Hegezeit des Wildes werden hiermit aufgehoben.

Urkundlich 2c. Gegeben Sanssouci, den 31. Oktober 1848.

Friedrich Wilhelm.

II. Jagdpolizeigesetz.

Vom 7. März 1850 (Ges.-S. S. 165).

Wir Friedrich Wilhelm &c. verordnen, mit Zustimmung beider Kammern, was folgt:

§. 1. Die Ausübung des einem jeden Grundbesitzer auf seinem 460
Grund und Boden zustehenden Jagdrechts wird nachstehenden Bestimmungen unterworfen.

§. 2. Zur eignen Ausübung des Jagdrechts auf seinem Grund 461
und Boden ist der Besitzer nur befugt:

a) auf solchen Besitzungen, welche in einem oder mehreren an einander grenzenden Gemeindebezirken einen land- und forstwirthschaftlich benutzten Flächenraum von wenigstens dreihundert Morgen einnehmen und in ihrem Zusammenhange durch kein fremdes Grundstück unterbrochen sind; die Trennung, welche Wege oder Gewässer bilden, wird als eine Unterbrechung des Zusammenhanges nicht angesehen;

b) auf allen dauernd und vollständig eingefriedeten Grundstücken.

Darüber, was für dauernd und vollständig eingefriedet zu erachten, entscheidet der Landrath;

c) auf Seen, auf zur Fischerei eingerichteten Teichen und auf solchen Inseln, welche ein Besitzthum bilden.

§. 3. Wenn die im §. 2 bezeichneten Grundstücke mehr als dreien 462
Besitzern gemeinschaftlich gehören, so ist die eigne Ausübung des Jagdrechts auf diesen Grundstücken nicht sämmtlichen Mitbesitzern gestattet.

Dieselben müssen vielmehr die Ausübung des Jagdrechts Einem bis höchstens Dreien unter ihnen übertragen. Doch steht ihnen auch frei, das Jagdrecht ruhen oder durch einen angestellten Jäger ausüben zu lassen oder zu verpachten.

Gemeinden oder Korporationen dürfen das Jagdrecht auf solchen ihnen gehörenden Grundstücken (§. 2) nur durch Verpachtung oder durch einen angestellten Jäger ausüben.

§. 4. Alle übrigen Grundstücke eines Gemeindebezirks, welche 463
nicht zu den im §. 2 gedachten gehören, bilden der Regel nach einen gemeinschaftlichen Jagdbezirk. Es ist aber den Gemeindebehörden gestattet, nach freier Uebereinkunft mehrere ganze Gemeindebezirke oder einzelne Theile eines Gemeindebezirks mit einem andern Gemeindebezirke zu einem gemeinschaftlichen Jagdbezirke zu vereinigen. Auch soll die Gemeindebehörde befugt sein, mit Genehmigung der Aufsichts-

behörde aus dem Bezirke einer Gemeinde mehrere für sich bestehende Jagdbezirke zu bilden, deren jedoch keiner eine geringere Fläche als dreihundert Morgen umfassen darf.

Den Besitzern der im §. 2 bezeichneten Grundstücke ist es gestattet, sich mit diesen Grundstücken dem Jagdbezirke ihrer Gemeinden anzuschließen.

Die Beschlüsse über alle dergleichen Abänderungen der gewöhnlichen Jagdbezirke dürfen sich auf keinen kürzern Zeitraum als auf drei Jahre und auf keinen längern Zeitraum als zwölf Jahre erstrecken.

464 §. 5. Die Besitzer isolirt belegener Höfe sind berechtigt, sich mit denjenigen Grundstücken, welche zusammenhängend den Hof ganz oder theilweise umgeben, also nicht mit fremden Grundstücken im Gemenge liegen, von dem gemeinschaftlichen Jagdbezirke auszuschließen, wenngleich die Grundstücke nicht zu den im §. 2 gedachten gehören.

465 §. 6. Auf den nach §. 5 aus dem gemeinschaftlichen Jagdbezirke ausgeschiedenen Grundstücken müssen die Grundbesitzer, so lange die Ausschließung dauert, die Ausübung des Jagdrechts gänzlich ruhen lassen.

Auch müssen die Grenzen solcher Grundstücke stets erkennbar bezeichnet werden.

466 §. 7. Grundstücke, welche von einem über dreitausend Morgen im Zusammenhange großen Walde, der eine einzige Besitzung bildet, ganz oder größtentheils eingeschlossen sind, werden, auch wenn sie nicht unter die Bestimmungen des §. 2 fallen, dem gemeinschaftlichen Jagdbezirke der Gemeinde nicht zugeschlagen. Die Besitzer solcher Grundstücke sind verpflichtet, die Ausübung der Jagd auf denselben dem Eigenthümer des sie umschließenden Waldes auf dessen Verlangen gegen eine nach dem Jagdertrage zu bemessende Entschädigung zeitpachtweise zu übertragen, oder die Jagdausübung gänzlich ruhen zu lassen.

Die Festsetzung der Entschädigung erfolgt im Mangel einer Einigung durch den Landrath, vorbehaltlich der beiden Theilen zustehenden Berufung auf richterliche Entscheidung.

Macht der Waldeigenthümer von seiner Befugniß, die Jagd auf der Enklave zu erpachten, beim Anerbieten des Besitzers, nicht Gebrauch, so steht dem letztern die Ausübung der Jagd auf dem enklavirten Grundstücke zu.

Stoßen mehrere derartige Grundstücke an einander, so daß sie eine ununterbrochene zusammenhängende Fläche von mindestens dreihundert Morgen umfassen, so bilden dieselben einen für sich selbst bestehenden gemeinschaftlichen Jagdbezirk, für welchen die nämlichen Vorschriften gelten, wie für die gewöhnlichen Jagdbezirke.

§. 8. Die im §. 5 des Gesetzes vom 31. Oktober 1848 (oben 467
No. 456) enthaltenen Vorschriften über die Ausübung der Jagd in den Festungswerken, in deren Umkreise, sowie in dem der Pulvermagazine und ähnlicher Anstalten, bleiben unverändert in Kraft.

§. 9. Die Besitzer der einen Jagdbezirk bildenden Grundstücke 468
werden in allen Jagdangelegenheiten durch die Gemeindebehörde vertreten. Werden Grundstücke aus verschiedenen Gemeindebezirken zu einem Jagdbezirke vereinigt, so bestimmt die Aufsichtsbehörde diejenige Gemeindebehörde, welche die Vertretung zu übernehmen hat.

§. 10. Nach Maßgabe der Beschlüsse der Gemeindebehörde kann 469
auf dem gemeinschaftlichen Jagdbezirke entweder:

a) die Ausübung der Jagd gänzlich ruhen, oder
b) die Jagd für Rechnung der betheiligten Grundbesitzer durch einen angestellten Jäger beschossen werden, oder
c) dieselbe, sei es öffentlich im Wege des Meistgebots, oder aus freier Hand, verpachtet werden.

Die Pachtverträge dürfen sich auf keinen kürzern Zeitraum als auf drei Jahre und auf keinen längern Zeitraum als auf zwölf Jahre erstrecken.

§. 11. Die Pachtgelder und Einnahmen von der durch einen an- 470
gestellten Jäger beschossenen Jagd werden in die Gemeindekasse gezahlt, und, nach Abzug der etwa entstehenden Verwaltungskosten, durch die Gemeindebehörde unter die Besitzer derjenigen Grundstücke, auf welchen die gemeinschaftliche Ausübung des Jagdrechts stattfindet, nach dem Verhältnisse des Flächeninhalts dieser Grundstücke vertheilt.

§. 12. Die Verpachtung der Jagd, sowohl auf den im §. 2 er- 471
wähnten Grundstücken, als auf gemeinschaftlichen Jagdbezirken, darf bei Strafe der Nichtigkeit des Vertrags niemals an mehr als höchstens drei Personen gemeinschaftlich erfolgen.

Ausländer dürfen nur mit Genehmigung der Aufsichtsbehörde als Jagdpächter angenommen werden.

Afterverpachtungen sind ohne Einwilligung des Verpächters nicht gestattet.

§. 13. Sowohl den Pächtern gemeinschaftlicher Jagdbezirke, als 472
auch den Besitzern der im §. 2 bezeichneten Grundstücke, ist die Anstellung von Jägern für ihre Reviere gestattet.

§. 14. Ein Jeder, welcher die Jagd ausüben will, muß sich 473
einen, für den ganzen Staat gültigen, zu seiner Legitimation dienenden,

auf ein Jahr und auf die Person lautenden Jagdschein von dem Landrathe des Kreises seines Wohnsitzes ertheilen lassen, und selbigen bei der Ausübung der Jagd stets mit sich führen.

Auch Ausländern kann ein solcher Jagdschein, jedoch nur gegen die Bürgschaft eines Inländers, von dem Landrathe des Wohnortes des Bürgen ertheilt werden. Der Bürge haftet in Folge seines Antrages für Strafen, welche auf Grund der §§. 16. 17 und 19 gegen den Ausländer verhängt werden, sowie für die Untersuchungskosten.

Für einen jeden Jagdschein wird auf das Jahr eine Abgabe von einem Thaler zur Kreis-Kommunalkasse des Wohnortes des Extrahenten entrichtet. Die eingehenden Beträge werden nach den Beschlüssen der Kreisvertretung verwendet.

Die Ausfertigung der Jagdscheine erfolgt kosten- und stempelfrei.

Die im Königlichen oder Kommunaldienste angestellten Forst- und Jagdbeamten, sowie die lebenslänglich angestellten Privatforst- und Jagdbedienten erhalten den Jagdschein unentgeltlich, soweit es sich um die Ausübung der Jagd in ihren Schutzbezirken handelt. In Jagdscheinen, welche unentgeltlich ertheilt sind, muß dies und für welchen Schutzbezirk sie gelten, angegeben werden.

474 §. 15. Die Ertheilung des Jagdscheins muß folgenden Personen versagt werden:

a) solchen, von denen eine unvorsichtige Führung des Schießgewehrs oder eine Gefährdung der öffentlichen Sicherheit zu besorgen ist;
b) denen, welche durch ein Urtheil des Rechts, Waffen zu führen, verlustig erklärt sind, sowie denen, welche unter Polizeiaufsicht stehen oder welchen die Nationalkokarde aberkannt ist.

Außerdem kann denjenigen, welche wegen eines Forst- oder Jagdfrevels oder wegen Mißbrauchs des Feuergewehrs bestraft sind, der Jagdschein, jedoch nur innerhalb fünf Jahre nach verbüßter Strafe, versagt werden.

475 §. 16. Die Nichtbeachtung der vorstehenden Vorschriften über Lösung von Jagdscheinen wird bestraft wie folgt:

Wer, ohne einen Jagdschein gelöst zu haben, die Jagd ausübt, wird für eine jede Uebertretung mit einer Geldstrafe von fünf bis zwanzig Thalern belegt.

Wer seinen Jagdschein bei Ausübung der Jagd nicht bei sich führt, den trifft eine Geldstrafe bis zu fünf Thalern.

Wer es versucht, sich durch einen nicht auf seinen Namen ausgestellten fremden Jagdschein zu legitimiren, um sich dadurch der verwirkten Strafe zu entziehen, der wird mit einer Strafe von fünf bis funfzig Thalern belegt.

§. 17. Wer zwar mit einem Jagdschein versehen, aber ohne Begleitung des Jagdberechtigten, oder ohne dessen schriftlich ertheilte Erlaubniß bei sich zu führen, die Jagd auf fremdem Jagdbezirke ausübt, wird mit einer Strafe von zwei bis fünf Thalern belegt. 476

Wer die Jagd auf seinem Grundstücke gänzlich ruhen zu lassen verpflichtet ist, dieselbe dennoch aber darauf ausübt, hat eine Geldstrafe von zehn bis zwanzig Thalern und die Konfiskation der dabei gebrauchten Jagdgeräthe verwirkt.

Wer auf seinem eignen Grundstücke, auf dem die Jagd an einen Dritten verpachtet ist, oder auf dem ein Jäger für gemeinschaftliche Rechnung der bei einem Jagdbezirke betheiligten Grundbesitzer die Jagd zu beschießen hat, ohne Einwilligung des Jagdpächters oder der Gemeindebehörde jagt, ebenso derjenige, welcher auf fremden Grundstücken, ohne eine Berechtigung dazu zu haben, die Jagd ausübt, wird wegen Wilddiebstahls oder Jagdkontravention nach den allgemeinen Gesetzen (oben No. 101—104) bestraft.

§. 18. Die Bestimmung der Hege- und Schonzeit erfolgt nach den zur Zeit der Verkündung des Gesetzes vom 31. Oktober 1848 geltend gewesenen Gesetzen. 477

Die Verordnung vom 9. Dezember 1842 §§. 1 und 2 (Ges.-S. 1843 S. 2) und das Publikandum vom 7. März 1843 (Ges.-S. S. 92) treten wieder in Kraft. Sonstige Uebertretungen der Vorschriften über Hege- und Schonzeit werden mit einer nach richterlichem Ermessen zu bestimmenden Geldbuße bis zu funfzig Thalern geahndet.

§. 19. Wer zur Begehung einer Jagdpolizei-Uebertretung sich seiner Angehörigen, Dienstboten, Lehrlinge oder Tagelöhner als Theilnehmer oder Gehülfen bedient, haftet, wenn diese nicht zahlungsfähig sind, neben der von ihm selbst verwirkten Strafe, für die von denselben zu erlegenden Geldstrafen und den Schadenersatz. 478

§. 20. Wegen einer Jagdpolizei-Uebertretung soll eine Untersuchung nicht weiter eingeleitet werden, wenn seit dem Tage der begangenen That bis zum Eingange der Anzeige an die Staatsanwaltschaft oder den Richter drei Monate verstrichen sind. 479

§. 21. Durch Klappern, aufgestellte Schreckbilder, sowie durch 480

Zu §. 18.

Die Verordnung vom 9. Dezember 1842, betreffend die Ermäßigung der auf die Verletzung der Schonzeit des Wildes gesetzten Strafen, verordnet für den ganzen Umfang der Monarchie, unter Aufhebung der Verordnung vom 18. Mai 1839:

§. 1. Für das Tödten oder Einfangen des Wildprets während der vorgeschriebenen Schonzeit Seitens der zur Jagd sonst berechtigten Personen, treten nachstehende Geldbußen ein:

Zäune, kann ein Jeder das Wild von seinen Besitzungen abhalten; auch wenn er auf diesen zur Ausübung des Jagdrechts nicht befugt ist. Zur Abwehr des Roth-, Damm- und Schwarzwildes kann er sich auch kleiner oder gemeiner Haushunde bedienen.

481 §. 22. Auf gemeinschaftlichen Jagdbezirken, auf welchen Wildschäden vorkommen, darf die Gemeindebehörde, wenn auch nur ein einzelner Grundbesitzer Widerspruch dagegen erhebt, die Ausübung der Jagd nicht ruhen lassen.*

482 §. 23. Wenn die in der Nähe von Forsten belegenen Grundstücke, welche Theile eines gemeinschaftlichen Jagdbezirks bilden, oder solche Waldenklaven, auf welchen die Jagdausübung dem Eigenthümer des sie umschließenden Waldes überlassen ist (§. 7), erheblichen Wildschäden durch das aus der Forst übertretende Wild ausgesetzt sind, so ist der Landrath befugt, auf Antrag der beschädigten Grundbesitzer, nach vorhergegangener Prüfung des Bedürfnisses und für die Dauer desselben, den Jagdpächter selbst während der Schonzeit zum Abschusse des Wildes aufzufordern. Schützt der Jagdpächter, dieser Aufforderung ungeachtet, die beschädigten Grundstücke nicht genügend, so kann der Landrath den Grundbesitzern selbst die Genehmigung ertheilen, das auf diese Grundstücke übertretende Wild auf jede erlaubte Weise zu fangen, namentlich auch mit Anwendung des Schießgewehrs zu tödten.

Das Nämliche gilt rücksichtlich der Besitzer solcher Grundstücke, auf welchen sich die Kaninchen bis zu einer, der Feld- und Garten-

---

1. für ein Stück Eichwild	50	Thaler,
2. „ „ „ Rothwild	30	„
3. „ „ „ Dammwild	20	„
4. „ „ „ Auerwild	10	„
5. „ einen Schwan	10	„
6. „ „ Fasan	10	„
7. „ ein Stück Rehwild	10	„
8. „ einen Dachs	5	„
9. „ „ Hasen	4	„
10. „ ein Stück Hasel- oder Birkwild	3	„
11. „ eine Schnepfe, Gans oder Ente	2	„

§. 2. Diesen Geldbußen (§. 1) wird für den Fall des Unvermögens des Kontravenienten eine verhältnißmäßige Gefängnißstrafe substituirt.

Hierzu tritt dann ergänzend das Publikandum vom 7. März 1843:

> In die Verordnung vom 9. Dezember v. J., wegen Ermäßigung der auf die Verletzung der Schonzeit des Wildes gesetzten Strafen, ist aus einem bei der Redaktion vorgefallenen Schreibfehler die auf die Verletzung der Schonzeit für die Rebhühner mit 2 Thlr. für jedes Stück angedrohte Strafe nicht mit übernommen worden. Diese Verordnung wird daher auf Allerh. Befehl Sr. Majestät des Königs dahin berichtigend ergänzt, daß für das Tödten oder Einfangen eines Rebhuhns während der vorgeschriebenen Schonzeit eine Geldbuße von 2 Thlr. eintritt, der im Unvermögensfalle verhältnißmäßiges Gefängniß zu substituiren ist.

kultur schädlichen Menge vermehren, in Betreff dieser Thiergattung. Wird gegen die Verfügung des Landraths bei der vorgesetzten Verwaltungsbehörde der Rekurs eingelegt, so bleibt erstere bis zur eingehenden höhern Entscheidung interimistisch gültig.

Das von den Grundbesitzern in Folge einer solchen Genehmigung des Landraths erlegte oder gefangene Wild muß aber gegen Bezahlung des in der Gegend üblichen Schußgeldes dem Jagdpächter überlassen und die desfallsige Anzeige binnen vierundzwanzig Stunden erstattet werden.

§. 24. Auch der Besitzer einer solchen Waldenklave, auf welcher 483
die Jagd nach §. 7 gar nicht ausgeübt werden darf, ist, wenn das Grundstück erheblichen Wildschäden ausgesetzt ist und der Besitzer des umgebenden Wald-Jagdreviers der Aufforderung des Landraths, das vorhandene Wild selbst während der Schonzeit abzuschießen, nicht genügend nachkommt, zu fordern berechtigt, daß ihm der Landrath nach vorhergegangener Prüfung des Bedürfnisses und auf die Dauer desselben die Genehmigung ertheile, das auf die Enklave übertretende Wild auf jede erlaubte Weise zu fangen, namentlich auch mit Anwendung des Schießgewehrs zu tödten.

In diesem Falle verbleibt das gefangene oder erlegte Wild Eigenthum des Enklavenbesitzers.

In den in den §§. 23 und 24 gedachten Fällen vertritt die von dem Landrathe zu ertheilende Legitimation die Stelle des Jagdscheins.

§. 25. Ein gesetzlicher Anspruch auf Ersatz des durch das Wild 484
verursachten Schadens findet nicht statt.

Den Jagdverpächtern bleibt dagegen unbenommen, hinsichtlich des Wildschadens in den Jagdpacht-Kontrakten vorsorgliche Bestimmung zu treffen.

§. 26. Wenn die jetzt bestehenden Jagdpacht-Kontrakte der Bil- 485
dung der in den §§. 4 und 7 vorgeschriebenen gemeinschaftlichen Jagdbezirke hinderlich sind, so treten dieselben mit dem 1. Juli 1851 von selbst außer Kraft.

§. 27. In denjenigen Städten, welche zu keinem landräthlichen 486
Kreise gehören, werden die in diesem Gesetze den Landräthen übertragenen Befugnisse von den Ortspolizei-Behörden ausgeübt, und in Stelle der Kreis-Kommunalkasse tritt die städtische Kasse.

§. 28. Wer die Jagd innerhalb des abgesteckten Festungs-Rayons 487
von 1300 Schritten ausüben will, muß vorher seinen Jagdschein von dem Festungs-Kommandanten besonders visiren lassen.

Die Uebertretung dieser Vorschrift wird mit einer Strafe von zwei bis fünf Thalern geahndet.

488 §. 29. An die Stelle der in den §§. 16. 17. 18 und 28 angedrohten Geldstrafen tritt für den Fall, daß der Uebertreter zu deren Bezahlung unvermögend ist, eine verhältnißmäßige Gefängnißstrafe.

489 §. 30. Alle diesem Gesetze entgegenstehenden Vorschriften werden hiermit aufgehoben.

490 §. 31. Unser Minister für landwirthschaftliche Angelegenheiten wird mit der Ausführung dieses Gesetzes beauftragt.

Urkundlich ꝛc. Gegeben Charlottenburg, den 7. März 1850.

Friedrich Wilhelm.

Sachregister.

(Die Zahlen beziehen sich auf die Nummern am Rande des Textes.)

A.

B.

C.

D.

E.

F.

G.

H.

J.

Berichtigung.

In der Anm. zu §. 2 (S. 12, Zeile 13 von unten) ist zu lesen:
im Sinne der §§. 215. 216 Str.-Ges.-B. anstatt der §§. 215 u. s. w..

FSC
www.fsc.org
MIX
Papier | Fördert gute Waldnutzung
FSC® C083411

Kolibri 360 GmbH
Ferdinand-Jühlke-Straße 7
99095 Erfurt, Deutschland
produktsicherheit@kolibri360.de